Mélancolie du pot de yaourt

DU MÊME AUTEUR

La Tiédeur, PUF, 2000.
Une petite cure de flou, PUF, 2002.
Mon père s'est perdu au fond du couloir, Melville/Leo Scheer, 2005.
Roman de plage, Denoël, 2008.
Babel Nuit, Verticales, 2012.

ISBN : 978-2-85 061-028-8

www.premierparallele.fr

Philippe Garnier

Mélancolie du pot de yaourt

Méditation sur les emballages

Premier Parallèle

« À mi-chemin de la cage au cachot la langue française a cageot, simple caissette à claire-voie vouée au transport de ces fruits qui de la moindre suffocation font à coup sûr une maladie.

Agencé de façon qu'au terme de son usage il puisse être brisé sans effort, il ne sert pas deux fois. Ainsi dure-t-il moins encore que les denrées fondantes ou nuageuses qu'il enferme.

À tous les coins de rue qui aboutissent aux halles, il luit alors de l'éclat sans vanité du bois blanc. Tout neuf encore et légèrement ahuri d'être dans une pose maladroite à la voirie jeté sans retour, cet objet est en somme des plus sympathiques – sur le sort duquel il convient toutefois de ne s'appesantir longuement. »

Francis Ponge,
Le Parti pris des choses.

« Il aurait pu manipuler du gros carton comme si c'était un coquelicot pour la beauté du geste. »

Valérie Mréjen,
L'Agrume.

Prologue

Errer dans un hypermarché comme si l'on n'y comprenait rien. Fixer d'un œil perdu les milliers de sachets, tubes et boîtes posés sur les rayons. S'égarer dans ce magma rectiligne. Laisser venir une première question élémentaire, ahurie : « Qu'est-ce que c'est ? »

La plupart des emballages qui flottent à la surface des océans ont, dans une autre vie, occupé les rayons et les présentoirs. En quelques instants, la valeur de ces objets s'est inversée. Ils sont passés des Caddies aux poubelles puis aux décharges et aux plages des îles désertes. Devenus indestructibles, ils constituent peut-être aujourd'hui la seule part vraiment durable de la création contemporaine, calamiteuse et d'envergure géologique.

Que sont ces étranges objets qui flottent dans nos mémoires et dérivent à la surface des eaux ?

Pourquoi un bidon de lessive, un pot de yaourt ou un flacon de parfum ont-ils, à ce point et en si peu de temps, agi sur nos systèmes nerveux et envahi l'espace ? Autour de ces objets modestes, porteurs d'une séduction éphémère, se sont nouées des forces démesurées.

Matière, ligne, galbe, couleurs, graphisme, images... ces techniques de séduction sont désormais au centre d'une histoire planétaire. Réduits à leur usage pratique, dépourvus des charmes du packaging, jamais les emballages n'auraient proliféré à ce point ni envahi les hypermarchés avant de se répandre dans les eaux et les sols. Sans ce gigantesque déploiement de l'art de plaire, la grande submersion n'aurait peut-être pas eu lieu.

Puisque ces objets se révèlent si néfastes, pourquoi leur accorder un dernier regard ? Parce qu'ils sont entrés dans nos vies, qu'ils ont régné sur nos sens et nos mémoires, modelé nos sensibilités. Peut-être aussi pour retrouver, sous leur halo publicitaire et leur efficacité marchande, une aura fragile que l'on tentera de capter, comme un reflet dans le miroir.

Souvenirs et rencontres

Élégie pour un tube de lait concentré sucré

À la fin de mon enfance, un tube est apparu sur les rayons des épiceries. Il évoquait le sous-marin ou le ballon dirigeable, non seulement par sa forme à la fois ventrue et fuselée, mais aussi parce qu'il contenait une quantité importante d'une substance – le lait concentré sucré – qui, tels l'hélium du zeppelin et l'oxygène du sous-marin, *n'était pas à sa place*, du moins pas en si grande quantité.

Sa courbure était harmonieuse et régulière, mais la pression des doigts pour en extraire le contenu laissait très vite des empreintes sur le métal mou. L'objet se sculptait à mains nues et chaque étape de son façonnage le rapprochait de sa propre fin. C'était une œuvre éphémère qui progressait vers sa disparition. Lorsque le tube était enroulé sur lui-même, vidé de toute substance, plus rien, à part la taille, ne le distinguait d'un gros tube de dentifrice.

Le lait concentré s'absorbait avec une facilité dangereuse. Plus d'ouvre-boîte ni de carton à déchirer. Une simple pression, puis une succion avide ou paresseuse rappelaient de façon inquiétante la tétée du nourrisson. Le consommateur revenait au stade de l'enfant gavé.

Comme les dinosaures avant leur extinction, ce tube régna sur les étalages pendant au moins une décennie. Il éclipsa les cylindres de lait en poudre, les berlingots et les boîtes en métal, avant d'être éclipsé à son tour. On le trouve encore aujourd'hui, mais il faut le chercher. Il a rétréci. Sa nouveauté dangereuse ne rayonne plus. Il est isolé comme le serait un camion-citerne dans un monde peuplé de voitures électriques.

Séduction du Dentyne's chewing gum

Johnson's Baby Powder, Heinz Spaghetti, Planter's Cocktail Peanuts... ces emballages américains des années 1930-1950 sont exposés sur le site American Package Museum. Boîtes cylindriques uniformes aux couleurs sobres, modestes parallélépipèdes de carton, tubes au galbe timide, objets dépourvus de toute ergonomie, sages typographies : c'est pourtant sur eux que s'est concentré le désir de consommation le plus intense de l'Histoire. Avec leurs faibles charmes, ils ont révolutionné la vie quotidienne. Ils ont marqué des sensibilités encore vierges, fascinées par la production de masse et les premières séductions du packaging. Grâce à ces petits cylindres de carton ou de fer-blanc, la marchandise a cédé la place au signe, l'être humain s'est transformé en consommateur frénétique.

Marcel Proust soulignait la ressemblance des silhouettes et des visages d'une même époque, depuis l'aristocrate jusqu'au paysan. Un contemporain ne les aurait pas confondus, mais un regard rétrospectif ne fait plus la différence. Ainsi, en dépit du gouffre qui les séparait à l'époque, le même air de famille discret rapproche aujourd'hui l'étui de luxe du parfum Youth-Dew d'Estée Lauder d'un simple paquet de Dentyne's chewing gum.

Acheter au coin de la rue un paquet de Dentyne's chewing gum en 1953, tout comme s'offrir un flacon de Youth-Dew, c'était se rapprocher d'un mode de vie supérieur, s'intégrer à une nouvelle tribu. En quelques décennies, ces emballages ont transformé les valeurs, vidé les temples et les partis politiques, transféré des millions de croyants vers les hypermarchés. Comment pareille subversion a-t-elle tenu sur quelques centimètres carrés de carton gris ? Ce mystère vaut bien celui des reliques enchâssées dans leur reliquaire, qui ont obnubilé le monde chrétien pendant plus de mille ans.

Au milieu des années 1950, une brèche s'est ouverte. L'humain s'y est engouffré. Au fil des années, cependant, l'acheteur s'est lassé, ses nerfs se sont usés, son enthousiasme s'est étiolé. La folle surenchère a duré soixante-dix ans. Elle a laissé quelques habitudes irréductibles, un peu comme les superstitions survivent à une religion disparue.

Le yaourt et l'urne

Le pot de yaourt évolue peu. Ses anciennes versions subsistent longtemps à côté des nouvelles. Ainsi, le carton paraffiné cohabite avec le polymère. Il a survécu à la menace d'élimination. Que dire du verre ? Il a ressuscité au bout d'un demi-siècle. Le premier pot de yaourt était en porcelaine. On le vendait dans les pharmacies. On pourrait l'exhumer comme ancêtre fondateur de la lignée.

Il est possible que l'immobilisme du pot de yaourt apaise en nous l'angoisse de la métamorphose permanente des objets. Nous n'en sommes peut-être pas tout à fait conscients. Cet emballage défie la loi de l'évolution accélérée. C'est une balise à travers le temps. Ses transformations n'ont lieu qu'à la marge.

« Plus esthétique, plus *cuillérable* », avançait Danone en présentant une nouvelle silhouette. Mais un pot de yaourt reste un pot. En lui, quelque chose de décevant mais tenace résiste au zèle transformiste des packageurs. L'histoire a-t-elle connu des récipients à yaourt extravagants, portant par exemple l'effigie moustachue du propriétaire ? La fragilité des céramiques anciennes et l'incertitude de leur emploi nous laissent dans l'ignorance.

La stabilité du pot de yaourt s'entend à double sens. Le polypropylène dérivé, son matériau prédominant, met des siècles à disparaître. Ce papillon éphémère se transforme en fossile indestructible. Sa vie fugace débouche sur une éternité funeste.

Comme le pot de yaourt, l'urne funéraire garde une forme prévisible, récurrente, sobre et adaptée à sa mission. En granit, en marbre ou en aluminium, elle est cent fois plus légère que le cercueil. Elle se range dans une armoire ou trône au centre d'un mausolée. Elle est aussi portative et, le cas échéant, tient dans un sac à main. Cet emballage finit rarement à la poubelle.

On ne sculpte plus les urnes funéraires en forme de dieu chauve-souris, comme les Mayas du VIe siècle après J.-C. ; on se contente d'un flanc nu, lisse et incurvé. Prétendre que c'est plus fonctionnel n'a pas de sens. L'urne en forme de chauve-souris était fonctionnelle dans la mesure où elle permettait de se concilier les dieux du monde souterrain. La recherche de sobriété signifie autre chose. Elle va dans le sens de la pudeur, de la discrétion, de l'effacement. Il s'agit de partir sans faire de vagues, en évitant de provoquer les divinités infernales.

Longtemps, les humains ont cherché à fixer un vestige de leur passage. Ceux qui le pouvaient choisissaient le marbre et l'or fin. Les autres étaient regroupés dans des cimetières ordinaires, à la beauté minérale, nue et sobre. Ne pas laisser de traces sur la Terre est un idéal récent. Il est difficile de savoir ce qui l'inspire. Se sentir de trop sera peut-être l'étape ultime. Un nouvel emballage funéraire devra alors être conçu.

Sans doute les urnes mobilisent-elles autant de concepteurs-designers que les pots de yaourt. Les trouvailles se multiplient. Destinées à être enterrées ou immergées, les urnes solubles vont un peu plus loin dans la promesse de l'effacement. Fabriquées à partir d'un matériau végétal, elles sont biodégradables et permettent au défunt de ne laisser aucune trace sur la planète.

Enfouie dans la terre, l'urne biodégradable peut aussi devenir le réceptacle d'une graine. Cette graine, qui se nourrit des cendres mêlées à du compost, devient une plante puis un arbre. On pourrait proposer aux futurs défunts d'abriter un arbuste en croissance. Cela leur permettrait de lui transférer leur substance vitale et de dépérir lentement pendant qu'il prospère, sans passer immédiatement par le seuil traumatisant de la mort. Contrairement au pot de yaourt qui est voué à ne jamais disparaître, l'urne funéraire, de plus en plus, est conçue pour se dissoudre. Faut-il aller jusqu'au bout du paradoxe ? Ce serait alors l'effacement parfait de la dépouille humaine et la survie éternelle des coquilles en plastique. La seule trace de notre passage serait la masse gigantesque des récipients que nous avons fabriqués.

Méditation sur un vide intérieur

> J'attends l'écho de ma grandeur interne
> Amère, sombre et sonore citerne
> Sonnant dans l'âme un creux toujours futur !
>
> Paul Valéry,
> *Le Cimetière marin.*

Par l'œilleton de son orifice verseur, j'observe le fond d'une brique de gaspacho. Les parois sont nimbées d'une lumière pâle, homogène, filtrée par le carton multicolore. Un lavis rougeâtre témoigne de la présence du gaspacho disparu. Malgré son étroitesse, ce vide intérieur évoque un container industriel, avec sa géométrie muette. C'est un silo oublié, une cuve à l'abandon. On peut penser aux photos noir et blanc de Bernd et Hilla Becher, à leurs usines fantômes des années 1970. On peut aussi ne penser à rien, n'éprouver aucune émotion.

Le fond cartonné de la brique est plié comme une petite enveloppe de faire-part. Cette évocation d'un message à ouvrir est fortuite. Les packageurs ne l'ont pas prévue. Elle n'apparaît que de l'intérieur, car sur la face externe, le léger relief de ces quatre pans rectangulaires est masqué par un rectangle blanc, deux bandes rouges et vertes ainsi qu'un code-barres.

Si j'en viens à scruter l'intérieur de cette brique de gaspacho, c'est que l'extérieur me déçoit et m'ennuie. Que faire lorsque la façade ne capte plus les regards ? Cette photo d'assortiment de légumes où le rouge domine se fond dans la banalité d'un rayon de produits frais. Sa transfiguration de la banalité est elle-même banale. C'est une petite lueur jetable, noyée dans l'émission de milliers d'autres. Son impact est conçu pour être éphémère. Dès lors, pourquoi ne pas rendre au vide intérieur un peu de l'attention dont il a si longtemps été privé ? La coulisse obscure vaut la scène saturée de lumière. Est-ce un pas supplémentaire vers le néant ou une perspective nouvelle ?

L'enterrement des sardines

Sans voix, sans mains, sans genoux
sardines, priez pour nous !

Georges Fourest,
La Négresse blonde.

Dès le début du XIXe siècle, les sardines ont traversé l'Atlantique dans de petits cercueils en fer-blanc. Elles servaient de nourriture aux matelots dont la navigation durait des mois entiers. Ces boîtes soudées à l'étain ont donc commencé par voguer, empilées dans les soutes. À la surface des eaux, à peu près au niveau de la ligne de flottaison, elles formaient à leur façon des bancs de poissons géométriques. Leur trajet rectiligne sur l'océan divergeait de celui des sardines vivantes qui frayaient dans les profondeurs. Tandis que les petits poissons d'en bas zigzaguaient à la recherche de plancton, leur avenir, ou plutôt leur au-delà métallisé, naviguait en ligne droite au-dessus d'eux.

Depuis, ces petits cercueils ont cessé, pour la plupart, de flotter à la surface des eaux. Ils ont échoué sur les rayons des épiceries et hypermarchés. Ils ont changé d'huile, de condiments, de couleurs. Tout a été fait, dès lors, pour rappeler que leur contenu provenait du grand large. La mer qui recouvre les quatre cinquièmes de la planète a cessé d'être présentée comme un danger ou comme une usine à produire du poisson. À mesure que ses ressources diminuaient, elle est apparue comme une matrice bienfaisante, une source inépuisable de vie et de loisirs.

Cette considération historique un peu délirante m'est inspirée par trois petites boîtes de sardines superposées, maintenues par un manchon de papier cartonné sur lequel apparaît l'océan déchaîné. À la surface, le bleu et le blanc prédominent. Écumes, embruns, flots bleus agités aux teintes nuancées... Ce que j'ai sous les yeux ressemble à un ex-voto de l'océan défunt.

Longtemps, le patriotisme et le culte des grands hommes se sont étalés sur les boîtes. La France a connu les marques Jeanne d'Arc, Charles Martel, ou encore Titus, avec une tête d'empereur romain imprimée en lithographie. Qu'est-ce qui, dans la sardine, titillait la fibre nationale ? Le métal et la chair du poisson évoquaient une ressource inépuisable, une armée de réserve. C'était l'aliment de base, le fuel destiné au corps du travailleur. Les boîtes faisaient aussi partie de l'architecture d'une maison. Empilées par dizaines, elles remplissaient les placards de cuisine, elles obstruaient le vide en comblant d'obscurs recoins.

Au Japon, il y a peu, la conception d'une campagne de publicité a été confiée à une intelligence artificielle. Le résultat s'est révélé surprenant, peu conforme aux associations spontanées d'un cerveau humain. Ce robot japonais pourrait trouver une autre fonction aux boîtes de sardines. Matériau de construction, écrin à bijoux, organe artificiel... Les possibilités seraient infinies. Bien après la disparition des sardines, la boîte reprendrait du service autrement. Ses réincarnations successives feraient oublier son premier usage.

Demande d'armistice auprès d'une boîte de corned-beef

Les flancs légèrement concaves de cette pyramide tronquée sont revêtus d'un rouge de cadmium. C'était la couleur de certaines tenues militaires du XIXe siècle, qui se voyaient de loin sur le champ de bataille. En 1917, dans toutes les armées alliées, les uniformes sont passés au vert-brun. La boîte de corned-beef, elle, a gardé ses tons vifs. Sur le front de la Somme ou de Champagne, elle contenait la ration de viande qu'un soldat pouvait transporter avec lui, prélevée sur d'immenses troupeaux bovins des deux hémisphères. Ces millions de bêtes n'avaient d'autre fonction que de nourrir les peuples en guerre dans les tranchées européennes.

Chaque jour, les bêtes étaient abattues, écorchées, équarries, hachées, avant d'être conditionnées par lots de trois cents grammes dans un cylindre de métal, puis embarquées dans des cargos transatlantiques voguant en direction des hangars portuaires où l'intendance les aiguillait vers le théâtre des opérations. Trois mois plus tard, le troupeau bovin arrivait dans l'estomac du troupeau militaire. Le *corned-beef* résumait l'organisation de la planète. Vastes colonies, usines à viande, chair à canon. Si on l'avait agrandie au format d'un blindé sur un champ de bataille, cette petite pyramide métallique aurait très bien joué son rôle. Elle aurait servi de bunker ou de tourelle de char d'assaut.

Cet objet relativement rare m'est tombé sur le pied alors que j'explorais les ressources d'un placard dans la cuisine d'une maison peu habitée. Cela se passait précisément en Champagne, non loin des tranchées de 1914-1918. Je fus surpris de constater que le contenu de la boîte n'était pas périmé. J'ai soupesé cette masse de viande sans âge conditionnée au Brésil dans son habitacle en fer-blanc. Ce témoin des grandes boucheries animales et humaines du XXe siècle m'avait attendu longtemps. J'ai replacé la boîte sur son étagère obscure, énigme en réserve pour les temps futurs.

Tentative d'autohypnose devant un paquet de chips bio « à l'ancienne »

Une œuvre accède à l'aura
quand on la dégage de son halo.

Gilbert Simondon,
L'Effet de halo en matière technique.

L'hypnose n'est pas un état exceptionnel. Dans une journée ordinaire, elle ne dure que quelques secondes. Il suffit, pour le constater, de regarder un paysage filer derrière une vitre. La conscience lâche prise, elle flotte sans limites et se met à capter des détails infimes. Elle cesse de trier ce qui a de l'importance et ce qui n'en a pas. La pensée perd peu à peu son relief, son épaisseur, elle acquiesce à ce qui passe devant elle sans avoir besoin de chercher ailleurs. Pour ma part, je sais à quel point il m'est facile de lâcher prise, de m'engouffrer mentalement dans un paysage ou un tableau. Le fil de ma pensée dérive, le temps est suspendu et pourtant je ne dors pas.

À sa façon, toute marchandise propose une forme d'hypnose. L'objet sur l'étalage miroite mystérieusement, bien au-delà de sa valeur d'usage. L'acheteur accepte, un instant, de s'égarer dans cette valeur imaginaire. Il se laisse fasciner par deux ou trois détails inutiles qu'il ne verra plus une fois la chose acquise. L'art de vendre exploite cette docilité passagère. Le packaging en est l'accomplissement. Il déploie sa séduction sur un temps très bref. Plus le consommateur circule vite, moins les emballages ont le temps de fixer son regard. Ils sont désormais conçus pour une hypnose instantanée, jetable.

Je m'assieds devant un paquet de chips bio « à l'ancienne ». Je chasse les pensées interférentes, élimine de ma conscience tout ce qui n'est pas l'emballage, sa forme, ses couleurs, ses messages, expulse l'air de mes poumons et m'absorbe dans la surface lustrée et multicolore.

Je sais à quel point cette séance peut être dangereuse. C'est une expérience très rarement tentée. Aucun hypnotiste ne la contrôle. Que se passe-t-il lorsqu'on laisse les pleins pouvoirs à un emballage ? Jusqu'où s'étend son emprise ?

Ce paquet d'environ trente-cinq centimètres de long et quinze de large présente une surface légèrement bosselée. Creux et pleins, collines et vallées, buttes et dépressions font ressortir les formes et les couleurs imprimées. Au centre de l'illustration, une grande chips ondule faiblement tandis qu'au coin supérieur droit, une figure d'épicier de l'ancien temps, un crayon sur l'oreille, adressant un clin d'œil complice à un client lointain, disparaît sous les creux, les bosses et les reflets. Cette face lustrée offre un grand nombre de couleurs, qui vont du rouge cadmium au jaune d'or, en passant par différentes teintes pastel.

L'originalité du paquet réside en un hublot qui dévoile les chips conditionnées à l'intérieur. Je sais que mon regard ne flottera pas de la même façon sur le paquet – support idéal d'une hallucination – et sur le hublot, qui le met aux prises avec un fragment de chips réelle.

Je contourne donc ce hublot et perçois un magma de couleurs que domine un message gigantesque : *chips à l'ancienne,* avec son A majuscule démesuré. Cette suite de lettres commence à ne plus rien signifier. Je m'attarde sur ces caractères blancs élancés, légèrement ombrés. J'épouse leur mouvement qui ondule vers nulle part.

Je reviens au hublot transparent qui donne sur l'intérieur du paquet. Je sens le danger. Je me souviens d'une nouvelle de Julio Cortazar intitulée *Axolotl.* Le narrateur y fixe intensément un petit batracien du Mexique captif d'un aquarium, si intensément qu'à un moment, tout bascule, le narrateur devient ce qu'il regarde, il se voit lui-même tel un axolotl captif qui regarde un humain depuis l'intérieur de l'aquarium.

Si je m'attarde trop longtemps sur le hublot, je cours ce risque. D'un instant à l'autre, je pourrais observer le monde de l'autre côté de la paroi en plastique. Je ne crains pas, comme dans la nouvelle de

Cortazar, de devenir une chips, ni même une poignée de chips, car il me semble que ce basculement ne peut advenir qu'entre deux êtres vivants, l'humain et l'axolotl, et non entre un humain et un produit alimentaire. Mais cette question désormais soulevée nuit à ma sérénité.

Je parcours du regard la surface bosselée du paquet. Je cherche un point de fuite introuvable. Je m'attarde sur le grain gris et or, comme un champ labouré vu du ciel, qui recouvre le côté droit. Je déchiffre les caractères enfermés dans la vignette du bas : *sans huile de palme, sans colorant artificiel, sans conservateur,* la taille des caractères diminuant progressivement jusqu'à la mention *Distribué par Pepsico France.* Je cherche une image, un message, qui puisse enfin dompter ma volonté et voiler ma conscience.

Je dois me détendre, accepter de perdre contrôle. Le paquet ne parle pas, mais je dois penser qu'il *veut* quelque chose. Je dois arriver à un seuil de détente suffisant pour capter sa volonté silencieuse. L'esprit et les sens flottent. Je perçois des détails indépendamment de leur hiérarchie sur l'emballage. Malgré ma presbytie, de très petits corps de caractères deviennent déchiffrables. Il me semble que je suis en train d'acquiescer à quelque chose. Peut-être est-ce une joie de vivre ordinaire, un optimisme lié aux choses simples. Je continue à détailler les mentions minuscules : matières grasses, sel, sucre, etc. Je me convaincs que toutes ces informations sont non seulement vraies, mais utiles, bénéfiques et même vitales pour le genre humain.

Je cherche à pénétrer dans le halo du paquet, je cherche à m'absorber dans son nuage informatif et éthique. Je voudrais boire la brume de ce nuage, me l'incorporer, participer à l'aura réconfortante de cet objet.

Soudain je suis victime d'une brève hallucination. Je me vois en train d'escalader la pente lisse et lustrée du paquet. Je suis arrivé à la hauteur de la chips centrale. Ma silhouette minuscule et désemparée cherche un point d'appui sur cette falaise. La surface manque d'aspérités, je vais lâcher prise et je ne suis pas encordé. Un froid intense s'insinue dans ma colonne vertébrale. Un goût de sang et de fer afflue dans ma bouche. J'ai présumé de mes forces. Je ne suis pas prêt. Je ne connais rien à ces pentes nues qui exigent des années d'entraînement pour les gravir. Je dérape sur quelques centimètres. L'embout ferré de mes chaussures s'enfonce dans une petite cavité. En dessous, la pente est moins raide. Je jette un dernier regard en altitude, vers la brume du halo, vers ce nuage himalayen de valeurs rassurantes dans lequel j'aurais voulu me fondre.

Je prends pied sur le code-barres dans l'espoir de m'y arrêter, d'y séjourner, d'y installer ma résidence hypnotique. La variation d'épaisseur des barres superposées m'arrête un instant, puis je m'en évade. Seule l'inquiétude me porte. Elle ne me lâche plus.

L'hypnose est en train d'échouer. Par lui-même, le paysage du paquet de chips ne suffit pas à me faire abdiquer. La perte de croyance est irrémédiable et la chute, vertigineuse. Je reviens à mon point de départ, affalé sur ma chaise, épuisé. Le paquet m'apparaît à bonne distance, ma propre silhouette s'efface et la falaise redevient une enveloppe en plastique multicolore.

Je traverse quelques minutes de confusion mentale. Le paquet lui-même semble souffrir d'une gueule de bois. Ses couleurs et ses messages se brouillent et se contredisent dans une horrible cacophonie. Sa confusion l'emporte sur la mienne. La vie quotidienne me paraît soudain dangereuse. Si j'entrais maintenant dans un hypermarché, la torture visuelle serait insoutenable.

Cette séance d'hypnose ratée me laisse l'esprit douloureusement vide. L'emballage n'a pas résisté à un long tête-à-tête. Son pouvoir hypnotique reste fugace, furtif. En dehors du rayon ou de l'étalage où il se tient en embuscade, il perd ses moyens, il s'éteint. Peu à peu, je prends conscience du caractère téméraire et même chimérique de cette tentative. Si elle avait abouti, je m'exposais à ne plus pouvoir sortir de l'hypnose.

Simulacre de garde-à-vous devant un carton à chapeau texan

Calme bloc ici-bas chu d'un désastre obscur.

Stéphane Mallarmé,
Le Tombeau d'Edgar Poe.

Un carton à chapeau se présente souvent comme un cylindre tronqué au dessin ovoïde. Ses lignes courbes font valoir les traditions artisanales, la nostalgie du patrimoine et la rareté des beaux objets. Sobre et trapu, le carton que j'ai sous les yeux a un aspect plus industriel. C'est un emballage de chapeau de la marque Stetson fabriqué à Garland, au Texas. Parallélépipède aux angles émoussés, presque sans décoration extérieure, il semble tombé du ciel. Il est rare, en Europe, d'apercevoir un Stetson vissé sur un crâne ; il est encore plus rare de tomber sur un carton à Stetson, objet qui cumule la banalité et la rareté – un peu comme un nid d'aigle, grossier amas de brindilles, mais perché dans un coin inaccessible du paysage.

Ses proportions sont imposantes : quarante-cinq par trente-cinq centimètres. Imprimé d'un motif de chapeaux anthracite sur fond blanc, ce carton est conçu pour un couvre-chef en cuir évoquant le monde du western et du pétrole texan. Il s'ouvre avec précaution et se visite avec la même curiosité qu'une pièce vide qui serait restée, sans qu'on sache pourquoi, longtemps fermée à clé. Plus épais que les parois, son couvercle a l'allure d'un toit plat au débord léger. Son architecture intérieure est simple et minutieusement ajustée : une plateforme de carton renforcé y entoure un cylindre ovale. Ce pourrait être la couveuse d'un œuf d'autruche, mais cela s'appelle une « forme à chapeau ».

Jadis arboré par Buffalo Bill, le Stetson fut longtemps emblème d'aventure et de virilité. Il est désormais porté par nostalgie ou dans un esprit de parodie. Ce chapeau à larges bords ne doit pas épouser trop étroitement le crâne, mais retrouver chaque soir, dans son carton, ses contours originels. Il se ressource dans sa forme-mère. Si le chapeau est déjà une sorte d'emballage du crâne, alors le moule à chapeau devient l'emballage de l'emballage, une sorte de mètre étalon. Par extension, c'est un peu le cerveau lui-même qui doit retrouver sa forme et ne pas trop s'écarter du modèle. Et la pensée du porteur de chapeau ? La question ne sera pas résolue.

Réflexe de prudence face à une boîte de concentré de tomate

Jadis les boîtes de concentré de tomate avaient le format d'un dé à coudre. Elles contenaient du concentré de concentré. La croyance collective dans les pouvoirs du concentré était alors plus solide qu'aujourd'hui. On se contentait d'une dose minime. Ce n'est plus le cas. La boîte que j'ai devant moi pèse quatre-vingt-quinze grammes. Il a fallu lui associer une valeur symbolique liée au terroir. Ici, la mention *tomates du Roussillon* se détache sur un horizon de collines bleues. Le couvercle, ou plutôt la face d'ouverture, comporte un anneau métallique qu'il suffit de tirer. Tout cela trahit une perte de valeur de la substance. La foi dans le concentré est en crise. L'arôme additionnel – des herbes de Provence – confirme ce soupçon. Aucune conclusion ne doit en être tirée en dehors du domaine *stricto sensu* de la sauce tomate.

Cette boîte, comme tant d'autres, est une plaque d'acier tournée qui fut ensuite revêtue d'étain ou de chrome, puis cristallisée pour lui donner plus de souplesse. Le métal mou est une utopie. Solide et flexible, il cumule des qualités contradictoires. C'est un coffre-fort qu'on peut forcer en permanence. Pour autant, il n'enlève rien à la dangerosité de l'objet. Si l'on se servait de cette petite boîte comme projectile, elle occasionnerait sans doute d'importants dégâts : une dent cassée à tout le moins, une arcade sourcilière enfoncée et même un œil borgne.

Une boîte de conserve miniature peut inspirer des envies de meurtre, et j'y vois deux raisons. D'abord, une si petite quantité de substance alimentaire protégée par autant de métal est supposée précieuse ; or les ressources rares, air connu, provoquent des conflits. La seconde raison est plus simple et plus convaincante : ces boîtes constituent de parfaits projectiles. Elles s'adapteraient parfaitement à une fronde et feraient de nombreuses victimes dans le camp adverse.

Il semble que les premiers emballages soient apparus à l'aube du néolithique. Dès qu'on a voulu stocker quelques mesures de grains, on s'est servi d'enveloppes de peau ou de fibres végétales, d'auges en pierre ou en bois, de jarres en terre cuite. Difficile alors de différencier le récipient de l'emballage. Il semble aussi que ces premiers stocks aient favorisé les premières guerres. Un village sédentaire laissait espérer un meilleur butin qu'un campement nomade.

La forme des emballages a-t-elle accompagné l'évolution des armes ? Les ressemblances sont fortuites, mais troublantes. Les premiers fûts de canon évoquent les tonneaux de bois cerclés. Les premiers tanks ressemblent à des boîtes de conserve géantes. Le dirigeable préfigure le berlingot. L'omniprésence du film plastique donne une idée des radiations de la bombe H. Le drone et le satellite tueurs surgissent en même temps que la capsule de café en aluminium.

En termes de technologie militaire, l'utilisation comme projectile d'une mini-boîte de concentré de tomate serait une régression. Elle offrirait cependant un raccourci fulgurant. Puisque l'emballage attise les conflits, il est tentant de faire la guerre avec. Et comme le concentré de tomate ne semble plus déchaîner la convoitise, il serait temps de lui faire jouer un rôle nouveau. Dans un monde de guerres larvées, avec un armement composite et anachronique associant le drone et la fronde, la mini-boîte en métal pourrait trouver sa place.

Brève croyance en une bulle de tranquillité

Trop grand et pansu pour un sachet, n'atteignant pas vraiment aux dimensions d'un paquet, cet objet répond mieux au nom de poche. Le produit qu'il contient – des noisettes décortiquées issues de l'agriculture biologique – ne le remplit pas entièrement, laissant des coussins d'air ici ou là, telle une atmosphère intérieure naturelle. Trop calibrées pour être tout à fait honnêtes, ces noisettes recouvertes de leur cuticule ne sont pas comprimées comme dans un sachet sous vide. Elles bougent et font du bruit si on les secoue, elles semblent s'être accumulées de leur plein gré.

Trois fenêtres s'ouvrent dans la paroi de plastique beige : l'une sur la partie inférieure ventrale ; les deux autres, sous le sommet plié de la poche, comme des baies vitrées d'atelier. Ces ouvertures sont assez transparentes pour donner à voir les noisettes, mais le plastique y conserve une épaisseur trouble et mal dégrossie, comme s'il était lui-même issu de l'agriculture biologique. L'iconographie du paquet reste sommaire : deux noisettes semi-décortiquées posées sur quelques éléments de feuillage ; une bande verte semée de taches blanchâtres figurant la goutte d'eau ou le soleil. Cette économie de couleurs est conçue pour ne pas agresser la vue. La rétine de l'acheteur a droit au même soin qu'une noisette biologique. Avec son enveloppe qui ne cherche pas à séduire, cette marchandise se présente comme un miracle modeste, mais fiable.

Une poche est un repli protecteur, un abri élémentaire, qu'il s'agisse de l'utérus des mammifères, de la poche ventrale des kangourous, ou même des glandes et des viscères. C'est aussi une enveloppe quotidienne en tissu, rarement fermée, au fond de laquelle se forme un dépôt facilement oublié de piécettes, tickets, mouchoirs, clés, etc. Enfermer des noisettes biologiques dans une poche en plastique permet de jouer sur deux tableaux. D'un côté, la membrane protectrice ; de l'autre, la modestie du quotidien. Toutes sortes de maximes en découlent : « C'est peu, mais c'est déjà quelque chose », « C'est ce que la nature peut vous offrir sans s'épuiser », ou bien, dans un esprit de retour aux fondamentaux : « On est parfois content de retrouver le fond d'une poche. »

Il s'agit donc d'un objet industriel qui apaise le cauchemar de la fabrication en série, d'une enveloppe imparfaite qui soigne les blessures que le calibrage inflige à notre imagination. Acheter ces noisettes ne revient pas à panser les plaies d'une nature violée, mais plutôt à panser les plaies du violeur. La fin de l'histoire de l'agro-industrie et du plastique est mise en scène sous une forme qui n'est pas moins industrielle ni moins plastifiée.

Irruption d'un canard en plastique

> Le refus d'acheter est considéré comme un véritable sabotage des ventes, comme une menace pour les légitimes exigences de la marchandise.
>
> Günther Anders,
> *L'Obsolescence de l'homme.*

Faire adopter un produit, non parce qu'il est utile, mais parce qu'il suscite en nous ce qu'on appelle du désir : telle est la ritournelle du marketing. Au-delà du besoin, il s'agit de faire naître des émotions réputées plus nobles et plus durables. Un flacon de shampooing ne doit pas contenir du shampooing, mais transfigurer notre salle de bains. Plus sa capacité de séduction éclipsera son usage pratique, plus il sera demandé pour lui-même et mieux il se vendra. Qu'un flacon de gel nettoyant évoque la silhouette d'un canard, par exemple, que son nom, devenu Canard WC, redouble cette allusion, perpétue une méthode éprouvée. Dans le jargon du métier, cela s'appelle le « packaging oblique » : il s'agit d'introduire une part de jeu dans un objet qui en est *a priori* dépourvu. Plus flagrante sera la gratuité, plus puissant sera l'effet de diversion. C'est justement parce qu'il s'agit d'une activité sans charme que le détournement sera efficace.

Cependant, le récit associé au produit doit rester inachevé. Aucune de ces émotions ne doit arriver à sa maturité. S'il s'agit d'humour, c'est un humour qui n'est pas destiné à faire vraiment rire. S'il s'agit d'absurdité volontaire, elle s'arrêtera avant de tourner au non-sens. La forme du canard doit rester allusive. Elle repose sur le bec et le cou recourbé ainsi que sur la mention *Canard,* en gros caractères, comme une affirmation parachutée, transcendante, irréfutable.

Rien n'est définitif cependant, et la forme d'un canard pourrait être plus minutieusement reconstituée, avec des pattes en trompe-l'œil, un bec mieux dessiné et même quelques plumes en incrustation. Ce réalisme incongru permettrait de lutter contre une certaine accoutumance. Une touche de non-sens apporte la souplesse nécessaire qui permet à chacun de mieux accepter la norme. Mais le non-sens est lui-même soumis à l'usure et une certaine intensification peut être nécessaire. Dans les produits d'entretien, le dosage du chlore ou de l'acide chlorhydrique ne varie guère ; le dosage du non-sens, lui, peut se révéler décisif.

Cette ritournelle est ancienne. Elle a façonné cet individu paradoxal qu'est l'acheteur : sans être dupe de rien, il a pris l'habitude d'être la cible d'une légère manipulation. Il s'attend à ce qu'on le trompe, à ce qu'on détourne ses émotions. Il n'aimerait pas que le jeu s'arrête complètement. Un demi-siècle d'hypermarchés a produit cet être qui flotte à la dérive dans les allées, de plus en plus sceptique et de plus en plus docile. Profondément scindé, il voit sans voir, sait sans savoir, adopte sans adopter.

Pour la bonne marche de l'économie, il faut l'extraire quelques instants de sa nonchalance. Étendu à des millions d'individus, le manque d'entrain pourrait saper le dynamisme du marché et même déboucher sur une abstention générale. Cela reste, comme la désertion pendant la Première Guerre mondiale, une possibilité en l'air. En sortant des lisières de la conscience, elle pourrait cependant mettre fin à la mobilisation générale.

Si l'angoisse de l'effondrement des ressources planétaires n'aboutit pas, ou peu, à cette désertion, c'est sans doute parce qu'elle approfondit la sensation de vide au lieu de la combler. Ce Grand Soir à l'envers ne dérègle presque rien. La chorégraphie des consommateurs connaît peu de pauses. La danse des Caddies semble être entrée dans nos gènes. De même que, confrontées à une menace imminente, des milliers de fourmis ouvrières ne peuvent modifier le ballet réglé de leur fourmilière, nous poursuivons notre valse entre linéaires, codes-barres et coffres d'automobiles.

Réapparition d'un prédateur du jurassique

Un tabouret dogon ou un vase chinois de l'époque Ming parlent d'eux-mêmes. Leur ligne s'inscrit dans une famille de formes. Leur origine se révèle au coup d'œil averti. Mais un pulvérisateur antiacarien ? À quelle famille appartient-il ? Face à cet objet au profil accidenté, deux images surgissent, celle du pistolet et celle du tyrannosaure. Il est périlleux d'associer librement des images à un emballage. Par un biais ou par un autre, on risque d'entrer dans la pensée du packageur, de raconter autrement ce qu'il a prévu de nous faire dire. Celui qui croit être décalé emprunte l'autoroute à son insu. Celui qui cherche à ne pas être dupe se révèle encore plus vulnérable. Trois neurones frottés de scepticisme ne peuvent affronter une armée de professionnels du design et du marketing.

Par son profil et surtout sa longue gâchette, ce pulvérisateur appartient à une tribu d'objets où se logent le pistolet à eau, la perceuse électrique, le nettoyeur de jantes de voiture, le pistolet à peinture ou encore l'extincteur. On suppose qu'une puissance exceptionnelle s'y concentre et qu'une simple pression de l'index suffit à la déclencher. Son col incliné se cale au creux de la paume et donne l'impression d'un monstre soumis à notre bon plaisir. C'est un pistolet jetable, éventuellement rechargeable. Il transforme l'acte ménager en simulacre d'acte de guerre. Il accrédite l'idée rassurante que les déchaînements de violence ne sont réservés qu'aux bactéries et aux acariens.

Du pistolet au tyrannosaure, il n'y a qu'un pas. Le saurien disparu il y a soixante-huit millions d'années cristallise une magie noire récente. C'est le prédateur suprême de l'ère jurassique, et comme personne n'en a laissé d'image ou de récit vécu, il sert d'écran à nos terreurs et à notre sadisme. Il a largement supplanté le dragon, devenu inoffensif à force d'être piétiné par les archanges et manipulé par les enfants.

Créature reconstituée à partir d'un premier squelette retrouvé en 1905, le dinosaure est devenu dès les années 1920 une figure de cinéma. Depuis

Jurassic Park I, en 1993, il ne cesse de rôder sous différentes formes. Le pulvérisateur s'en rapproche par sa silhouette, ni plus ni moins inventée que celle des sauriens qui apparaissent à l'écran : une boîte crânienne oblongue et fuselée d'où pend une longue gâchette en forme de barbille, avec un long col à plusieurs degrés d'inflexion, évoquant de complexes emboîtements vertébraux. Sur le flanc de la bête, on peut lire, juste au-dessus de *Substance active biocide,* l'inscription *Anti-acariens,* en lettres capitales rouges.

Dans nos légendes domestiques, l'acarien est apparu bien plus tard que le dinosaure. L'image de ces monstres miniatures peuplant nos canapés, nos matelas et nos couvertures n'a été diffusée qu'à partir des années 1980. Un scénario d'épouvante s'est alors introduit dans la vie quotidienne. Mais cette terreur s'est accompagnée d'un sentiment de toute-puissance. Certes un zoo immense grouille dans les profondeurs de nos moquettes, mais nous sommes en mesure de le détruire. Une simple pression sur la gâchette suffit. Le pulvérisateur, avec son profil de tyrannosaure, extermine des millions d'acariens d'un seul coup. C'est un prédateur surdimensionné dont la silhouette trône sur une étagère à des années-lumière au-dessus de ses proies. Rapporté à l'échelle d'une arme chargée de détruire les humains, ce serait une kalachnikov de dimensions cosmiques se profilant du côté de la Voie lactée.

Tentative d'anoblissement d'un grain de sel

J'ai devant les yeux un cylindre en plastique d'environ treize centimètres de haut et quatre centimètres de diamètre, qui culmine en une meule crénelée au diamètre légèrement supérieur. Transparent et rempli de cristaux opaques, il évoque les mosquées d'Ispahan ou de Samarkand. Si cet emballage n'est pas un minaret de l'époque du calife Haroun al-Rachid, il essaie cependant d'accéder au statut d'objet ménager. Il aspire à devenir un moulin à gros sel, non jetable et même rechargeable. Ce qu'il contient ? De petits grains grisâtres et irréguliers issus de marais salants et qui bénéficient d'un statut d'« appellation d'origine contrôlée ». L'étiquette comble l'acheteur d'informations rassurantes : « millénaire », « récolté à la main », « coopérative de producteurs ». Il s'agit de restaurer la confiance dans le sel, produit décrié, de lui restituer son aura. Ce boîtier en plastique transparent cherche non seulement à échapper à sa condition d'emballage, mais aussi à ennoblir la substance qu'il contient. Au cours de l'Histoire, le sel est longtemps resté rare et précieux.

Extrait des mines et des marais, il pouvait éventuellement servir de monnaie. L'exploitation industrielle l'a fait déchoir. Ce moulin domestique rehaussera son prestige. C'est une maison de luxe occupée par un déclassé. Quant au consommateur, il est promu artisan et doit faire tourner une meule en plastique. Son tour de main l'anoblit.

Si le sel parvient à sortir de cette banalité où la production industrielle l'a fait tomber, c'est justement par son aspect grossier, sa croûte grisâtre aux cristaux irréguliers. Le gris est préférable au blanc immaculé, l'asymétrie vaut mieux que le calibrage des grains. L'anoblissement vient désormais de la matière brute. L'imperfection transfigure. Tout ce qui protège une substance nuit à sa gloire. L'aura exige une certaine nudité. Chacun sait pourtant que ce genre de retour de la nature n'est qu'un artifice supplémentaire, donc un éloignement de toute nature, quelle qu'elle soit. On appelle cela le syndrome de la camisole : les tentatives pour se libérer du monde industriel ne font que renforcer son emprise. Plus on s'agite pour revenir au naturel, plus on s'en éloigne. Cette présentation de sel aux apparences de moulin est peut-être une ultime contorsion avant la disparition de l'une des parties en présence : le sel brut, le plastique ciselé ou celui qui les contemple.

Une recherche d'immortalité

Cette canette ne contient que cent millilitres d'un produit chargé en taurine et en caféine. Étroite et argentée, elle ressemble à une pile électrique. On rêve d'un boîtier conçu pour la recevoir à même le corps humain, dans l'avant-bras ou la région lombaire. Au lieu de se diluer dans le système digestif, l'énergie passerait directement dans le sang et le système nerveux. De fait, cette boisson rosâtre est censée rendre plus actif. Elle dispose à la productivité plutôt qu'au plaisir. Elle prolonge une idéologie ressuscitée dans les années 1980 et milite pour la performance perpétuelle.

Battre ses propres records, accomplir une prouesse quotidienne, accélérer son rythme de vie, y compris dans les loisirs, devenir un humain augmenté : ces défis nécessitent un apport constant d'énergie. Une fois franchies les étapes intermédiaires, telles qu'une journée de travail de vingt heures ou trois nuits blanches d'affilée, ce processus de dopage pourrait déboucher sur une ultime promesse : devenir la canette elle-même, se métamorphoser en un cylindre de métal qui recèle la puissance pure. Le rêve de devenir une chose a partie liée avec la hantise de la décrépitude. Longtemps, statues, tombeaux, masques, parures et cuirasses ont permis de simuler une forme d'immortalité. Ils perpétuaient la mémoire des défunts et donnaient aux vivants une allure extrahumaine. Cette canette propose de prendre le relais. Elle met à la portée de tous le rêve de devenir une pile ou une batterie.

Tous les emballages suscitent-ils le même désir d'identification ? On peut difficilement vouloir *devenir* un carton, un film en plastique ou un pack de bières. Le temps nous manque pour approfondir le mode de vie qui serait profondément « carton » ou intimement « plastique ». Il faudrait, par exemple, méditer longtemps devant une bouteille d'eau minérale vide pour nous identifier à elle, penser comme elle, la mimer, la danser peut-être.

Dévotion et profanation

Certains flacons de parfum imposent un protocole de déballage, comme une visite guidée. Il faudrait par exemple ouvrir la partie supérieure de l'étui, en extraire le flacon, l'incliner lentement et prendre le temps d'admirer sa base en forme de *D* ou de *H*, puis faire coulisser le faux bouchon afin de dégager l'orifice du vaporisateur. Après cette opération, le carton de l'étui pourrait encore être inspecté dans ses moindres recoins, avec ses plis nets et soignés, le bleu pastel de ses parois internes et l'harmonie de ses volumes. D'ailleurs, tout cela va déjà trop vite.

Pour commencer, mieux vaudrait regarder l'objet de loin et s'en approcher pas à pas. Sa place naturelle est dans un sanctuaire à l'itinéraire balisé, selon un parcours d'approche comme les magasins de grandes marques savent en organiser.

Or, il se trouve que ce protocole n'est jamais suivi. En dehors de quelques fashion victims incurables, personne ne prend le temps d'admirer un par un les détails d'un produit de luxe. Les étapes sont franchies au hasard avec une sauvagerie teintée d'irrévérence. L'étui est ouvert par le bas, parfois éventré. La lettre qui forme la base du flacon est ignorée. Le bouchon est forcé dès la troisième utilisation. Le parfum fréquemment vaporisé à côté de la cible.

En chaque acheteur, deux personnages sommeillent : le bon élève et le profanateur. Or, cette profanation est elle-même un argument du luxe : vous ne serez jamais à la hauteur. Non seulement le flacon, dans sa perfection, vous domine, mais il *souffre* de votre irrespect. Le prix que vous payez n'est pas seulement lié à la valeur de l'objet, il est une amende qui sanctionne votre grossièreté.

Dernier regard sur une boîte à chaussures

Deux années sous la pluie, à peine abrités des embruns par une haie de thuyas : s'il existait des condamnations pour les cartons d'emballage, ce pourrait en être une, assez élevée dans l'échelle des peines, juste avant la benne et le broyeur. Condamné à une mort lente, ce carton a été conçu pour des chaussures de la marque Weston. Beige foncé tirant sur le mauve, il s'orne d'un liseré noir sur les flancs. Rien de plus. Cette sobriété atténue les effets de l'érosion. Proche du rivage, mais à l'abri des flots, il s'est lentement désintégré. Il évolue désormais vers l'algue sèche et le chardon des sables. Sur ses flancs râpés, cependant, subsistent les six lettres du logo. Son liseré noir est intact. Si personne ne le met à la poubelle, il gardera longtemps sa forme parmi les buissons tordus par le vent. Tel est l'héroïsme de fin de vie d'un carton de luxe : il faut que son identité graphique survive à la dégradation naturelle. Dans un autre monde – idéal ou infernal selon le point de vue – où les emballages seraient réservés à une poignée d'élus, leurs vestiges éparpillés dans la nature seraient rares et précieux et, pour le passant, deviendraient des objets d'émerveillement et de méditation.

L'utopie de l'invendable

« Vous achèterez ce que personne ne peut acheter » : tel est le slogan implicite du marché du luxe, où les emballages prennent volontiers la forme d'une caverne ou d'un coffre-fort. L'épaisseur du verre d'un flacon de parfum, l'irrégularité de la cavité cristalline qui contient le liquide ambré, l'image d'un « produit pur », tout cela contribue au rêve d'une protection géologique, d'un sanctuaire naturel. S'il n'y avait pas la nécessité d'écouler la marchandise, l'idéal de l'objet de luxe serait celui du Graal invisible.

Un flacon de parfum à 3 500 euros n'a cependant vocation ni à être brandi au cours d'une procession, ni caché au fond d'un sanctuaire. Comme n'importe quel emballage en verre, il finira tôt ou tard au recyclage. La rareté d'une marchandise est relative. En 1899, l'économiste Thorstein Veblen écrivait : plus un objet paraît désirable, plus il est cher et mieux il se vend. La hausse du prix crée la valeur. Les marques indéracinables font régulièrement monter leurs prix sans raison. Défiant le sens commun, ce geste arbitraire traduit une souveraineté absolue.

L'habillage du produit doit cependant fortifier la croyance. Il faut ajouter quelques « fondamentaux » : le cristal du flacon, l'argent massif du bouchon sont des attendus indispensables, un peu comme l'« étalon or » qui garantissait la valeur des monnaies jusqu'aux années 1970. Tout le reste relève d'une duperie heureuse et consentie. Le message est le suivant : « Vous savez que ce flacon n'est pas unique et qu'il ne contient rien de très précieux, mais il est agréable de faire semblant d'y croire et nous allons vous y aider. » Cette illusion repose sur la bonne volonté d'un petit nombre capable de se procurer la chose et sur celle d'un grand nombre qui se contente de la désirer.

Air de Paris

Jusqu'aux années 1990, à côté du Centre Georges-Pompidou, un magasin de souvenirs vendait des boîtes en métal portant la mention *Air de Paris*. Elles banalisaient une œuvre de Marcel Duchamp, simple ampoule fixée sur un support et exposée pour la première fois en 1919. On ne pouvait pas dire que ces boîtes de conserve étaient vides : elles contenaient de l'air ambiant. J'ai commis l'erreur d'en acheter une et de l'ouvrir sur place. Dans une forêt des Vosges ou sur une île du Pacifique, j'en aurais peut-être tiré une forme d'ivresse. Sur le parvis de Beaubourg, ce fut une déception programmée, méthodique. Une fois ouverte et vide, cette boîte contenait exactement la même chose que close et remplie. Quoi qu'il advienne, son étiquette disait la vérité.

En sanskrit, le mot *tathata* peut se traduire par « être ainsi ». Dans le bouddhisme *mahayana*, cette notion complète celle de vacuité. L'« être ainsi » et la vacuité sont les degrés ultimes de la connaissance du monde. Objet tautologique, la boîte étiquetée *Air de Paris* réunissait ces deux qualités. Elle atteignait un sommet de vacuité et d'« être ainsi », ni plus ni moins. Devenue objet de méditation, elle a longtemps trôné ouverte sur ma cheminée avant de disparaître au cours d'un ménage expéditif.

Merda d'artista

Si je faisais l'acquisition d'une boîte de conserve de la série *Merda d'artista*, de Piero Manzoni, et si je l'ouvrais comme la boîte *Air de Paris*, que se passerait-il ? D'abord, l'objet perdrait toute valeur. Créées en 1961, ces quatre-vingt-dix boîtes de conserve contenaient chacune trente grammes de merde de l'artiste. Elles devaient être vendues au prix du gramme d'or au cours du jour. Depuis, leur valeur marchande n'a cessé d'augmenter, dépassant le cours de l'or, y compris lorsqu'elles se mettent à fuir, car elles sont alors considérées comme des œuvres évolutives. En revanche, elles doivent absolument rester fermées.

En 1961, Manzoni cherchait à exprimer une vérité sur la toute-puissance du marché. Il proposait la formule suivante : si une œuvre parvient à faire admettre que trente grammes de merde équivalent à trente grammes d'or, alors sa valeur dépasse infiniment celle de l'or, car elle contribue à renverser un monde où l'art ne cesse de se prostituer. Portée par le double sens littéral et figuré du mot « merde », cette boîte de conserve se présente comme plus véridique et plus juste qu'une œuvre qui se soumet au marché sans mettre en question sa loi de falsification perpétuelle. Ce qu'il faut donc lire, sous l'appellation *Merda d'artista*, c'est *Tout est de la merde, sauf cette boîte qui, elle, ne ment pas*. Ainsi, dans le sillage de Marcel Duchamp, *Merda d'artista* renouvelle une minuscule déclaration de guerre. Seule une parodie déclarée, obscène, peut répondre au mensonge dissimulé. Plutôt qu'une tautologie à la façon d'*Air de Paris*, c'est la négation d'une négation, en une spirale qui n'en finit jamais.

Recycler la déesse

Dans le temple d'Éphèse en Asie Mineure, au IIe siècle avant J.-C., la déesse Artémis exhibait douze seins de différentes tailles. On peut les compter sur une copie de l'époque romaine conservée au Musée archéologique de Naples. À Paris, au musée des Arts et Métiers, une boîte à œufs ordinaire est conservée. Elle ne possède qu'une dizaine de seins, tous de la même taille, conçus pour épouser les contours d'une coquille. Ce dispositif en carton paraît moins solide que le bronze et le marbre des sculptures, mais contrairement à la déesse Artémis, dont le nombre de seins s'est réduit au fil des siècles pour se stabiliser au format d'une poitrine ordinaire, la boîte à œufs, toujours plus vaste et plus accueillante, a multiplié les siens, comme si grâce à elle le cours de l'Histoire s'inversait. Comme si, après avoir cherché à simplifier et à masculiniser les représentations de la divinité, il fallait revenir à une déesse protectrice de toutes les créatures. De plus, cette déesse-mère est recyclable. Elle joue un double rôle : porter les œufs, symboles de fertilité, et disparaître dans une broyeuse de carton pour mieux renaître sous forme de pâte de cellulose. Nos croyances sont enfouies à grande profondeur. Des millions de boîtes à œufs peuplent les rayonnages et témoignent en silence du fait que les humains, à leur insu, retournent depuis plusieurs décennies à l'un des premiers cultes de leur Histoire.

L'angoisse du mariage arrangé

Grâce au packaging connecté, l'emballage pourra vous raconter une histoire. Si possible, la vôtre. Dès lors que vous aurez posé sur lui votre téléphone portable, il commencera son intarissable bavardage. Prenons l'exemple d'un parfum. L'emballage connecté commencera par aborder la question de votre santé, réglera la question éventuelle de l'allergie ou des éruptions cutanées. Puis il abordera l'histoire commune que vous partagez avec le produit. Il vous trouvera une complicité, peut-être même une gémellité. Puisant dans la masse infinie de vos propres données, le flacon connecté vous écrira : « Ce parfum va vous rappeler la maison de votre enfance » ou « Offrez-lui le parfum que portait votre grand-mère ». De tels emballages unissent le client et le produit. Les sites de rencontres ont depuis longtemps éliminé les agences matrimoniales, l'emballage connecté les ressuscite. Il s'agira le plus souvent de mariages éphémères, faciles à rompre. Mais qui sait ? Avec la progression de la connectique, peut-être chacun se trouvera-t-il marié à *son* produit, sans marche arrière possible. Il faudra se soumettre à la tyrannie conjugale et consulter son produit-conjoint pour tout nouvel achat. Cette façon brutale de sortir de l'esseulement peut effrayer autant que séduire. Nous circulerions devant un rayon de parfumerie avec l'angoisse que, soudain, notre téléphone parle au fond de notre poche : vous êtes cerné, ne bougez plus !

Vision fugitive du dernier emballage

Notre extinction volontaire, si elle nous était proposée, mériterait d'être emballée de façon ingénieuse et séduisante. Une dose létale de natrium pentobarbital serait distribuée en pharmacie. Un départ en beauté exigerait une conception raffinée : un flacon en plastique opaque, imitation cristal, par exemple, incrusté d'une vague bleu lagon. Ce récipient devrait être plus solennel qu'un tube de monoï, mais moins intimidant qu'une fiole de sérum. Il devrait ensuite montrer une image, inventer une histoire. Deux versions s'offriraient : soit un voilier prenant la vague et symbolisant l'aventure collective vers l'inconnu, soit un surfeur glissant sur la crête de la vague pour exprimer la hardiesse de son choix et sa liberté. La fin de l'humanité serait présentée comme le plus beau des voyages. Sans ce dernier packaging, l'aventure humaine ne serait pas complète.

Brèves conversations avec les matériaux

L'utopie modeste du carton

Le carton n'a pas la froideur du plastique. Sa fibre reste organique. Ce papier stratifié, contrecollé ou ondulé apparaît comme un cousin du bois qui aurait changé d'âge, voire de sexe : après avoir poussé en forêt, puis traversé une adolescence un peu brimée sous forme de planche, le temps serait venu, pour la fibre de bois, d'entrer dans une maturité sans joie, mais en accord avec le destin. Comme si, ayant subi une sorte de momification, elle s'était creusée, allégée, évoquant les corps sans âge conservés dans les tourbières.

Une cloison de carton reste poreuse, aérienne, creusée d'alvéoles. Ce matériau s'écrase facilement, mais il résiste longtemps s'il n'est ni détrempé ni maltraité. Dans les greniers et les caves, il devient presque immortel. C'est une substance à la fois durable et creuse, solide et fragile, douée pour rester discrètement au même endroit. En cela, elle évoque beaucoup de vies humaines ordinaires.

Défaire un carton d'emballage, c'est un peu remonter le temps : les mêmes gestes s'accomplissent à travers les générations. Le même rituel se déroule de la cave au grenier, du camion à l'entrepôt. Sans doute le cutter a-t-il remplacé le couteau ou les ciseaux, peut-être la bande adhésive est-elle un peu plus coriace, mais le matériau résiste de la même façon. Il cède vite devant l'effort de destruction.

Le carton ne se plie pas à toutes les fantaisies industrielles. Fragile et rigide, il ne rivalise pas avec le plastique. C'est son côté citoyen : il n'est pas corvéable à merci, ni prêt à n'importe quelle métamorphose. Il n'est pas *fongible,* comme les dérivés d'hydrocarbures et l'acier en fusion. Pas plus que la brique, il ne se prête au gigantisme et aux métamorphoses infinies.

Le plastique et le béton ont été les matériaux dominants du capitalisme sans frein qui s'est étendu sur la planète depuis près de cinquante ans, décuplant la surface des zones urbaines et la masse des produits consommés. Par sa couleur homogène, son absence d'aspérité, sa géométrie, le carton d'emballage laisse entrevoir une société moins concurrentielle et moins frénétique. Il sert d'abri de fortune à des personnes qui se seraient mieux accommodées d'une compétition moins rude. La nuit, sur le trottoir, son pouvoir isotherme reste modeste. Il ne promet pas plus que ce qu'il est capable de tenir. Une société de carton et de brique ne serait pas très excitante. Elle refuserait de croître trop vite. Elle n'aurait pas envie de se transformer rapidement. Brique et carton seraient les matériaux fétiches d'une variante humanisée de l'ancienne Union soviétique : peu attractive, mais vaccinée contre sa propre dérive.

Avec le verre, le carton est le matériau récupéré par excellence. Il peut produire des meubles d'un design audacieux. Comme les premières matières plastiques de l'Histoire – la bakélite des téléphones –, il fait miroiter l'utopie qui consisterait à figer l'essor industriel et à prolonger éternellement une de ses étapes. Il donne l'espoir d'une trêve dans l'accélération, voire d'une pause définitive, choisie parmi toute une série d'étapes technologiques plus ou moins désirables. Comme si *le temps de poser nos bagages* était enfin accordé.

Des millénaires de mauvaise volonté

L'osier est une variété du saule. Son tressage ressemble à la reconstitution d'un bosquet miniature, avec des tiges verticales légèrement courbes entre lesquelles passent des tiges horizontales de plus en plus nombreuses. Un panier d'osier est un minuscule taillis enchevêtré en lui-même.

On hésite aujourd'hui sur les techniques de la peinture rupestre ou de la taille des silex, mais on peut supposer, à quelques variantes près, que le tour de main du vannier est resté inchangé depuis le paléolithique. Cette pratique remonte si loin dans le temps qu'elle se passe de datation.

Pourquoi l'industrie de l'emballage l'a-t-elle éliminé ? Il est vrai que l'osier bavarde peu sur la marchandise qu'il contient. Il est difficile d'en faire un support de packaging et de lui appliquer une identité graphique. C'est un matériau flexible, mais buté, introverti au sens matériel et figuré. Sa mauvaise volonté est évidente. Il est troublant que les derniers emballages en osier fabriqués en série aient servi à transporter des huîtres par volume de douze douzaines. Sur des photos des Halles de Paris des années 1930, on assiste à la rencontre émouvante de deux existences un peu autistes : le taillis miniature noué sur lui-même et le mollusque enfermé dans sa boîte de calcaire.

Privilège de l'asperge

Le papier cristal qui enveloppait les asperges fraîches sur les marchés donnait à explorer une texture soyeuse. Avant d'atteindre la tige blanche et un peu rêche, il fallait passer par cette antichambre. Cette protection tombait lorsqu'on dénouait la ficelle. Depuis, comme en hommage inconscient à cet écrin disparu, il est rare que l'on revête les asperges de plastique. Elles reposent encore dans des cageots de bois, nues et un peu souillées par de multiples mains.

L'incendie du papier journal

Longtemps les journaux furent intensément lus. Une fois déchiffrés jusqu'à la dernière ligne, ils servaient d'emballage pour à peu près tout et tapissaient le fond des poubelles. Au bout du parcours, ils partaient en fumée dans les poêles et les cheminées. Ce feuilleton à épisodes a pris fin. À peu près simultanément, le papier journal a perdu tous ses emplois.

Où sont les paravents de papier aux terrasses des cafés ? Quel paillasson matinal reçoit encore le choc amorti d'une liasse pliée en quatre ? Ces archives quotidiennes servaient ensuite à envelopper des légumes, des fruits, du poisson. La feuille imprimée y laissait quelques traces. L'information circulait ainsi une dernière fois.

Après avoir été fanatiquement lus, les journaux devenaient aussi l'enveloppe des objets ordinaires. Au fond d'un placard, ils rembourraient un pot vide et servaient de bandelettes aux couverts. La date de l'emballage figurait sur le papier et l'on pouvait alors se plonger avec délices dans la lecture d'une actualité périmée. Pour finir, ces enveloppes elles-mêmes devenaient matière à combustion. Il manquait sans doute quelque chose à la civilisation du journal. Contrairement au bambou, ce dernier n'était pas comestible et pouvait difficilement servir de matériau de construction. Sa disparition était inéluctable.

Morne vertige du papier bulle

Par une étrange erreur d'état civil, ce film plastique assez épais est vendu sous le nom de papier. Distribué en rouleaux qui dépassent deux mètres cinquante de large, il se découpe malaisément, se déchire un peu au hasard, avant d'envelopper l'objet fragile. Dans son rôle protecteur, il a presque supplanté ces matières de rembourrage que sont le papier froissé ou le coton. Quelque chose, dans le papier bulle, refuse d'être sectionné. C'est une surface continue, homogène, dont l'ambition est de rester intacte et qui voudrait emballer des objets à sa mesure : un être humain, une maison, un immeuble. Les bulles s'alignent à l'infini. Chacune pourrait se révéler aussi providentielle que l'Airbag pour l'automobiliste. C'est la prévention absolue transformée en matériau. Tout point d'un volume quelconque – y compris le corps humain – pourrait être protégé par une bulle.

Dans les années 1990 et début 2000, la manie de faire éclater ces bulles a inspiré quelques cinéastes. On la trouve dans *Urga,* film de Nikita Mikhalkov, où une grand-mère mongole préfère ce plaisir monotone à la contemplation d'un écran de télévision qui ne fonctionne pas. Ou encore dans *Le Fabuleux Destin d'Amélie Poulain,* film de Jean-Pierre Jeunet, où un certain Joseph fait éclater les bulles sous sa table de café tout en picorant des cacahuètes. Doux maniaques, losers inoffensifs, exilés de l'intérieur : ce sont les héros plus ou moins conscients d'une décennie où l'on a fugitivement cru à la fin de l'Histoire. Faire éclater une seule bulle peut traduire le désir d'échapper à son destin. S'amuser à en détruire des centaines revient à nier ce désir d'évasion. Le papier bulle procure l'expérience à répétition d'un monde où l'aventure n'est plus possible. Il oscille entre la recherche d'oxygène et l'autoasphyxie.

Ce maigre plaisir touche bientôt à sa fin. Deux choses sont envisageables : soit le papier bulle disparaîtra parce qu'il est trop peu recyclable, soit le modeste bonheur de faire éclater les bulles sera interdit, car trop subversif, trop synonyme d'impasse existentielle dans un monde où l'optimisme forcé deviendra une règle de survie.

Consistances du plastique

Dans les années 2005, de nouveaux sacs en plastique sont apparus dans les rayons de fruits et légumes. Au toucher, leur consistance était particulièrement douce. Leurs parois ultrafines restaient collées, je les frottais du pouce et de l'index telle une mouche se nettoyant les pattes. Ces sacs ne s'ouvraient qu'à l'usure et jamais du premier coup. L'air ne s'y infiltrait pas, ce qui provoquait un sentiment d'asphyxie par procuration.

Élastique et soyeuse, leur substance semblait provenir du monde médical. Elle avait quelque chose de séducteur et de faussement rassurant. Mes terminaisons nerveuses ne captaient presque rien. La douceur de ce plastique évoquait la peau d'un organe sensible. Cette texture, qu'en principe il aurait fallu protéger des agressions extérieures, servait au contraire à protéger d'autres produits, et ces membranes dénuées de la moindre aspérité, qui auraient dû rester rares et précieuses, se démultipliaient en série, à l'infini.

Dans les années 2010, le cabas en polyéthylène offrit la texture inverse. Ce n'était plus la magie d'une matière élastique, mais la robustesse d'une paroi semi-rigide. De large contenance, ces sacs offraient une surface plus rêche qui conservait ses plis et l'impact de chocs. De près, on discernait un fin tressage, comme s'il s'agissait d'une matière textile proche de la toile de jute. La couture apparente exprimait une réalité brute, sans maquillage. Or, ce polyéthylène n'était pas spécialement recyclable ; il était juste durable et réutilisable. Il se donnait ainsi l'allure bourrue d'un allié de la nature. Il ne résolvait pas grand-chose au trop-plein de déchets, mais il délivrait de l'angoisse de cet *alien* qu'était un plastique trop fin et trop souple. Plutôt que de répondre au désir de limiter les dégâts, ce cabas se contentait de l'endormir.

Le sac-poubelle ordinaire ignore ces subtilités. Il en est resté à l'âge du rapport de force élémentaire. Sa consistance s'épaissit à mesure que sa capacité augmente. Son statut et son prestige augmentent avec son épaisseur et sa robustesse. Un gabarit de 150 litres s'approche de la bâche. Ce n'est plus un film plastique qu'on déchire par mégarde, c'est une toile qui peut servir d'imperméable ou de manteau. Entièrement déroulée, surtout si sa couleur est noire, elle ressemble même à une petite route asphaltée.

Il se pourrait qu'un jour, toute autre création anéantie, ces textures du plastique soient, pour les archéologues, les seuls vestiges de notre monde. Un chercheur aveugle et d'une grande sensibilité digitale serait sans doute le plus qualifié. En passant du rigide à l'élastique, du lisse au rêche, du soyeux au grenu, il parviendrait à démêler un système complexe de pouvoirs et d'interférences que nous sommes incapables de discerner.

Un instant de vie tactile

> Et pour juger encore mieux des petites perceptions que nous ne saurions distinguer dans la foule, j'ai coutume de me servir de l'exemple du mugissement ou du bruit de la mer dont on est frappé quand on est au rivage.
>
> Gottfried Wilhelm Leibniz,
> *Nouveaux essais*
> *sur l'entendement humain.*

Je froisse un sac en plastique resté au fond de ma poche. Ce geste machinal s'interrompt le temps de lui trouver une signification. Que traduit cette trituration impatiente, hormis la hâte de me défaire de ce lambeau d'emballage ? Peut-être le désir fragile de suspendre le temps. La consistance du plastique apporte une petite perception, comme le choc des pas sur le sol ou le frottement de la chemise sur la peau. Ces messages tactiles ne remontent pas à la conscience, ils restent en lisière.

Un emballage en plastique ne parle guère plus à la vue et à l'ouïe. Le temps que son apparence s'imprime sur la rétine ou que son froissement atteigne le tympan, je suis déjà concentré sur l'objet qu'il contient et impatient de l'éliminer. Pourtant, ce matériau furtif, disparu aussi vite qu'il était apparu dans ma conscience, me survivra probablement. Ce film transparent n'accompagnera pas une heure de mon temps, mais il évoluera loin de moi pendant des siècles. Moins destructibles que les miennes, ses molécules garderont longtemps leur forme sous la terre ou sur les eaux. Au fond de ma poche se produit une rencontre distraite avec un matériau bien plus durable que moi.

Simples enveloppes

Le tabac sorti de lui-même

Longtemps, le tabac fut emballé dans du tabac avant de partir en fumée. S'envelopper dans sa propre feuille puis disparaître en volute bleue : l'élégance du cigare aurait pu servir de règle à l'histoire industrielle. Un emballage utopique aurait pu reposer sur ces deux préceptes : on ne peut emballer un produit qu'avec une partie de lui-même et tout emballage doit à la fin disparaître.

Depuis cet âge d'or, le tabac n'a cessé de s'empêtrer dans les paradoxes. Sorti de son auto-emballage naturel et passé à l'état de cigarette, il s'est introduit dans des cylindres de papier, eux-mêmes enveloppés de papier doré ou argenté, puis rangés par vingt ou quarante dans des paquets regroupés en cartouches, le tout recouvert d'un film plastique.

Il y a peu d'exemples d'un récipient chargé d'épouvanter le consommateur. Les crânes transformés en calices que l'on attribue aux Dayaks de Bornéo suscitaient au moins l'espoir d'incorporer la force de l'ennemi. Chez Lewis Carroll, les biscuits qui font monstrueusement grandir Alice portent la mention *Mangez-moi !* En revanche, la tumeur cancéreuse affichée sur un paquet de cigarettes est un pur et simple panneau de sens interdit. L'attrait du tabac est aussitôt combattu par un signal répulsif. Cette équivoque résume la vieille histoire des fumeurs. Que fait le tabagique, sinon inhaler la fumée pour mieux l'expulser, rapprocher sa cigarette avant de l'éloigner de sa bouche ? Son geste de va-et-vient tourne à l'intérieur d'un cercle de déni. « Je sais bien, mais quand même », telle pourrait être la maxime de celui qui, bouffée après bouffée, se ruine les poumons. La tumeur sur le paquet ne représente qu'une étape de cette dénégation retorse.

L'héroïsme statique des allumettes

La boîte d'allumettes porte l'image publicitaire des autres. Elle appartient à la famille de l'homme-sandwich, dont les spécimens traditionnels ont quasiment disparu. Support d'une marque de tabac, mais le plus souvent d'une enseigne d'hôtel ou de restaurant, elle se cantonne au plus proche, au lieu où elle se trouve et dont elle vante les mérites. Telle une domestique de l'ancien temps, elle ne dépend pas d'une autorité lointaine, mais d'un maître local. Sa facture reste artisanale. Physiquement, c'est un meuble miniature doté d'un tiroir, ou encore la prémaquette d'une maison de poupée qui ne serait habitée que par des jouets rudimentaires. À l'intérieur, un petit bûcher en vrac recèle une puissance de feu non négligeable.

La valeur de l'allumette n'a cessé de diminuer au fil des dernières décennies. On peut s'étonner qu'elle ait survécu aux briquets, à l'allume-gaz et aux autres systèmes d'allumage intégrés. Dans le monde infini des marchandises, elle équivaut à une catégorie sociale très dévalorisée et facile à remplacer, mais qui, comme par hasard, dispose d'un pouvoir incendiaire.

Le miracle de l'ampoule

Longtemps j'ai vu à l'intérieur des ampoules une petite gymnastique incandescente. Traversé par le courant électrique, le filament de cuivre ou de tungstène prenait la forme d'une flexion de jambe un peu figée. Il y avait aussi la danseuse de ballet classique, les bras en arrondi au-dessus de la tête. Le tube halogène a mis fin à ces fantasmagories. Le verre opaque des ampoules LED a définitivement fermé le rideau.

Un bulbe allumé n'est pas un objet qu'on peut fixer longtemps. C'est une scène qui se regarde éteinte. La rêverie est d'autant plus libre que l'empreinte du packaging sur une ampoule est relativement faible. Qu'elle soit bulbe, cône ou tige, en verre ou en plastique, la forme est dictée par l'émission de lumière plutôt que par la stratégie marchande. Elle est conçue pour l'éclairage, comme le tuyau pour l'eau, le câble ou la pile pour le courant électrique, la bombonne pour le gaz, le pipeline pour le pétrole. Dans le monde industriel, cela peut se comparer à l'écorce d'un fruit ou à la peau du corps humain : une forme nécessaire, contrainte par la nature. Ces contenants ne sont pas faits pour des objets statiques, mais pour des matières fluides ou volatiles : l'eau, le gaz, l'air, la lumière, qu'ils font circuler ou qu'ils emprisonnent. Des milliards de particules invisibles et difficiles à dompter imposent au récipient sa forme. Un peu comme si, après avoir toléré l'empaquetage et l'ensachage de tous ses produits de surface, la nature se réservait un droit de création formelle – un design naturel – pour ses sources d'énergie les plus cachées.

Pèlerinages et poches d'air

Le pneu et la chambre à air n'emprisonnent que de l'air. Ils sont soumis à une pression et à un frottement constants. Ils résistent. Leur épaisseur est le fruit d'un calcul plutôt que d'une tentative de séduction. Lorsqu'ils sont usés, troués, percés, on les change. On ne les ouvre jamais pour accéder à l'air qu'ils contiennent. L'oxygène emprisonné dans un pneu ancien ne fait pas l'objet d'un engouement particulier, comme les vieux vins ou les vieux parfums. Peut-être cet enthousiasme a-t-il un avenir. Où est l'air du gonflage des pneus qui supportaient la Twingo en l'an 2018 ? Un pèlerinage vers d'anciennes poches d'air pourrait soudain survenir. Il attirerait des processions de poumons mystiques.

Destinées parallèles

Au tube de dentifrice, on inflige chaque jour le supplice d'une lente extorsion. Il pourrait s'agir d'une réplique miniature et simplifiée de notre tube digestif, dans une existence de cauchemar où seule la régurgitation serait possible. En amont, avant la naissance, une seringue géante serait chargée de remplir notre organisme une fois pour toutes. Notre vie ne serait plus qu'une patiente et pénible restitution.

Cette vision est-elle si délirante ? Certaines vies, par leurs recroquevillements successifs, se rapprochent de celle d'un tube de dentifrice.

Le reliquaire ou l'emballage inversé

Un fragment d'os dans une châsse en or sertie de pierres précieuses : tel fut, entre les XIᵉ et XVᵉ siècles, le sommet du packaging européen. Avant la révolution industrielle, les récipients quotidiens et ordinaires présentaient le plus souvent une banalité égale à leur contenu : une jarre en terre cuite pour quelques mesures d'huile, un sac de chanvre pour une mesure de grains. De même pour les ossements du commun des mortels : un suaire et une simple caisse en bois, lorsque ce n'était pas la fosse commune. Mais au centre de cette châsse de pierre qu'était la cathédrale trônait une boîte en or incrusté. Dans cette boîte reposait une dent, ou un fragment d'os. Autour de la cathédrale, et donc autour de la boîte, une ville entière se rassemblait, d'autant plus vaste et opulente que la relique était prestigieuse. Le territoire, sa population et sa richesse en dépendaient.

Plus jamais on ne vit de si pauvres restes mobiliser autant de matières précieuses, de savoir-faire et de volonté de *faire croire*. Bien plus tard, les emballages industriels déploieront leur séduction, mais pas avec une telle intensité, une telle concentration et un sens aussi extrême de l'exclusivité. Jamais plus on ne vit un pays tout entier emballer une dent creuse.

Tenue de sport

Un jour je suis entré dans un sac à pommes de terre. Il s'agissait de franchir une distance de cinquante mètres par bonds successifs. C'était alors l'emballage le plus rustique, le plus élémentaire : un tressage de fibres de jute. Depuis, qu'a-t-on inventé de plus fruste ? La recherche des packageurs devrait progresser dans cette direction : quelque chose de plus élémentaire encore, demandant moins de technologie, moins de style. Non pas pour emballer un quelconque produit, mais pour y faire la course, à nouveau, sur quelques mètres.

Deux vacuités intérieures

Art japonais de l'emballage, le *furoshiki* se situe aux antipodes du packaging industriel. Le tissu noué ou le papier plié arbore des motifs imprimés qui, sans rien révéler du contenu, exprime les circonstances, la saison ou les sentiments qui entourent le cadeau. Fleur de cerisier, nuages, grue, chrysanthème...

l'enveloppe devient prétexte à un message codifié, ritualisé. « On dirait en somme que c'est la boîte qui est l'objet du cadeau, non ce qu'elle contient », écrit Roland Barthes dans *L'Empire des signes*. Il ajoute que le paquet n'est pas vide, mais vidé, que le paquet *joue au signe*, qu'il vaut pour ce qu'il cache, protège et cependant désigne. Support du signe, jouant au signe, l'emballage traditionnel du *furoshiki* inverse toutes nos coutumes marchandes. Nos paquets industriels masquent la banalité de leur contenu par une fuite en avant dans l'éloge, la séduction, la surprise ou le jeu. Ils en rajoutent, ils font de la réclame. En un sens, eux aussi sont *vidés*. Ce qu'ils contiennent ne peut pas être à la hauteur de ce qu'ils annoncent. À mesure que les messages et les images s'accumulent en surface, l'intérieur perd de sa substance. La différence entre la routine symbolique du *furoshiki* et la surenchère du packaging, c'est que la première annonce des satisfactions déjà connues, répétitives, tandis que la seconde ne cesse de promettre des plaisirs inconnus et introuvables.

Ambivalence du préservatif

Le préservatif a deux versants. Il protège le corps de dangers qui viennent de l'extérieur et l'extérieur de dangers qui viennent du corps. Cette poche de latex est investie d'un rôle historique. Dans une rencontre entre deux inconnus, elle demeure l'irréductible cloison. Après des siècles de surveillance et de barrières morales, elle trace la frontière du contact charnel. L'argument n'est plus que médical. La menace de damnation éternelle a fait place à une mise en garde épidémiologique. Le latex matérialise la fin d'une métaphysique. Son élasticité traîtresse correspond à l'angoisse résiduelle qui subsiste dans un monde en sécurité.

Cet emballage est riche de plus d'un paradoxe. Il n'enveloppe l'organe masculin que lorsque celui-ci veut bien changer de volume. Aussi n'est-ce pas seulement une portion d'espace qu'il protège, mais un laps de temps. Ce temps n'est pas arithmétique, il correspond à la durée du corps dans ce qu'il a de plus impatient et de plus fragile. Le préservatif se rapproche d'un vêtement de circonstance – par exemple d'un chapeau que l'on mettrait par grand froid ou grand soleil –, à ceci près que sa seule présence peut bouleverser la météorologie.

Sa forme évoque celle d'une cagoule – le bas vinyle des braqueurs – et parfois, mal enfilé, le capuchon pointu des pénitents. Il n'a pas cependant pour fonction de masquer l'anatomie. Translucide, il tente de racheter la privation de contact direct. Il préserve l'apparence visible pour mieux frustrer le sens tactile. Avec les cloisons de verre et les écrans d'ordinateur, il appartient à cet arsenal de la mise à distance qui, simultanément, éloigne en promettant toujours plus de transparence.

Brève histoire des guillemets

À l'écrit, les guillemets jouent le rôle d'une mise en conserve. Ils protègent une citation de l'effet corrosif de l'atmosphère extérieure. Ils signalent parfois un registre exotique ou une nuance fragile. Ce sont alors de petites serres où s'épanouissent des fleurs transplantées.

Depuis vingt ou trente ans, les guillemets ont migré de la page imprimée vers la conversation courante. La personne qui vous parle replie l'index et le majeur des deux mains, telle une mante religieuse agitant ses crochets. Ce geste signifie que l'expression employée n'est pas à prendre à la lettre. Il permet d'ironiser à son sujet et même de s'en désolidariser.

Hélas, ce jeu traduit une relation de dépendance. Faute de trouver une expression satisfaisante, l'interlocuteur s'en remet à celle de l'adversaire. Il récupère aussitôt ce qu'il récuse. L'ironie et la mise à distance masquent une perte de souveraineté. Au cours de cette petite capitulation, les guillemets parlés servent d'emballages prophylactiques. Ils protègent le reste du propos d'une substance importée qui pourrait être toxique, telle une paire de gants Mapa servant à déboucher un flacon de Destop.

L'agonie du courrier

Chaque semaine, ma boîte aux lettres se remplit de dizaines de fantômes. Ce sont des enveloppes que je n'ouvre plus, des relevés et des quittances déjà reçus par mail. Ce compost de papier blanc est recouvert de plusieurs strates de prospectus publicitaires. Une ou deux fois par an cependant, une carte postale y fait surface. C'est un revenant d'un autre genre, plus coloré, plus nu. Il remonte d'un passé lointain. J'ai compris depuis longtemps que toute carte postale a été postée au temps des cartes postales, c'est-à-dire dans une civilisation disparue il y a au moins trois décennies. Son expéditeur a agi en médium. Il a piégé un spectre furtif et lui a donné l'apparence du papier pelliculé.

Un jour, je suis tombé sur une enveloppe imprimée à mes nom et adresse, mais ne contenant qu'une feuille A4 blanche pliée. Si l'enveloppe avait porté une adresse manuscrite, j'aurais cru à un geste intentionnel, j'aurais tenté de deviner l'identité de cet expéditeur retors. Mais ces caractères d'imprimante laser laissaient derrière eux un parfum de néant. Un algorithme m'avait élu comme destinataire d'une feuille blanche. Les jours suivants, j'ai craint la contagion de l'effacement : billets de banque sans chiffres imprimés sortant du distributeur automatique, floutage progressif de mes fichiers informatiques, de mes livres, de mes pages d'écriture.

L'excipient et l'existence

La plupart des médicaments contiennent deux fois plus d'excipients que de principe actif. Lactose, glycérine, chlorure de benzalkonium... ces substances n'ont en principe pas d'action pharmacologique, mais sont censées améliorer l'absorption, la stabilité, le goût. Il s'agit là d'un emballage interne, jouant son rôle à l'échelle de la molécule. Je me suis souvent posé la question du *principe actif* dans des situations qui n'ont rien à voir avec la pharmacie. Dans une relation amoureuse, par exemple, quelle est la part du principe actif et de l'excipient ? Comment isoler la molécule sans laquelle la relation tout entière perdrait son intérêt ?

Cette question se pose aussi au sujet des livres que j'ai lus. Dans un long roman comme *La Montagne magique* de Thomas Mann, je pressens la masse énorme des excipients et celle, infime, du principe actif, mais il m'est impossible de les discerner avec précision. Raisonner par soustraction ne sert à rien.

On aura beau supprimer des scènes, des personnages que l'on croit – souvent à tort – moins importants que d'autres, il reste toujours une imbrication étroite de l'excipient et de la molécule active. C'est le propre des vrais romans. Un poème ne les résumerait pas.

Nos vies sont placées sous le signe de l'excipient. Qui ne veut consommer que le principe actif et cherche à donner une intensité maximale à chaque instant aboutit souvent à une parodie d'existence. Il confond l'intensité avec la vitesse. Pour accéder à quelques fulgurances, il est condamné à stagner dans les embouteillages.

Les séries télévisées font la plus belle part possible au principe actif, elles cherchent à éliminer la moindre trace d'excipient. Le *cliffhanger* de la fin nous oblige, en principe, à nous ruer sur l'épisode suivant. Hélas, la longueur des génériques suffit à nous refroidir. Les pauses publicitaires se chargent d'éteindre ce qui reste de curiosité. L'excipient reprend ses droits.

La sagesse consisterait à aimer cet excipient pour lui-même. Il faudrait jouir des saveurs fades et des moments tièdes, comme si l'on s'intéressait vraiment à la saveur du lactose ou de la glycérine. Or, ce retournement déboucherait sur une autre impasse. Le goût du neutre et de l'insignifiant aboutirait à un nouveau réglage de la perception. La frontière entre excipient et principe actif se rétablirait autrement.

Chaque existence semble condamnée à sa part irréductible de remplissage.

Fatalité du mode d'emploi

Ouvrir une boîte de médicaments du côté de la notice repliée peut se révéler une malédiction. Face à cet obstacle de papier, le malade s'impatiente, se décourage et, ce faisant, enlève au remède une partie de son pouvoir. Ces ouvertures avortées surviennent à fréquence variable. Elles s'installent par cycles de plus ou moins longue durée. Chaque emballage présente son bon et son mauvais côté. C'est pile ou c'est face. Pour les augures de la Rome antique, le passage des oiseaux était favorable du côté droit et sinistre du côté gauche.

La notice dépliée n'en finit pas de nous perturber. Elle est rédigée en caractères minuscules. On s'évertue à y déchiffrer des effets secondaires ou indésirables. Certains sont radicaux. *Mort subite* y apparaît parfois, en quatrième ou cinquième position. La portée de l'annonce dépend de la taille du caractère.

La momie intérieure

Pendant toute une année, j'ai suivi une fasciathérapie. Allongé sur le dos ou sur le ventre, je subissais un lent massage des tissus conjonctifs qui enveloppent les muscles et les os. Le praticien n'avait rien de particulièrement séduisant. Souvent revêtu d'une chemise de coton à manches courtes, imprimée de carreaux bleus et rouges, il restait penché sur mon dos qu'il malaxait une heure entière. Aucune volupté dans cette manipulation. J'avais plutôt le sentiment d'un interminable déballage de mon corps, membre après membre, muscle après muscle, nerf après nerf. On exhumait une momie qui respirait au fond de moi, étouffée par ses bandelettes. Ce lent strip-tease interne débouchait sur une sensation de vide que je goûtais quelques minutes avant de sombrer dans le sommeil.

Dans la même rue se trouvait la maison d'édition où je travaillais alors. Mon bureau était enseveli sous les manuscrits et les jeux d'épreuves. Ces liasses étaient aussi des sortes d'enveloppes, de bandelettes, censées protéger quelque chose qu'elles asphyxiaient en même temps. Ma vie professionnelle consistait à plonger dans ces liasses et à tenter de les lire. Il m'arrivait de m'endormir à la page trente et de me réveiller dix minutes plus tard avec une vision claire de l'ensemble du manuscrit.

Dans le demi-sommeil qui me gagnait pendant des séances de fasciathérapie, il me semblait que le praticien accomplissait aussi, à sa façon, un interminable travail de lecture. Que déchiffrait-il à partir de ces minuscules membranes qu'il tentait de décontracter ? Son visage congestionné par l'effort ne livrait aucune réponse. Il dissimulait, ou peut-être oubliait aussitôt, ce qu'avaient capté ses doigts gourds et sensibles. Jamais je ne lui en ai parlé.

Retour sur l'emballage primordial

Il y a quelques décennies, les artistes Christo et Jeanne-Claude emballaient le Reichstag et le Pont-Neuf dans des bâches en polyester. Sanglés de cordes, ces paquets géants faisaient ressortir l'ossature des monuments. Leurs présences massives et voilées tranchaient sur la grisaille de la pierre. Auparavant, Christo et Jeanne-Claude avaient modifié le paysage de façon tantôt minimale (*Iron Curtain*, barricade de barils de pétrole à Paris, rue Visconti), tantôt gigantesque (*Valley Curtain*, barrage empaqueté dans un rideau de nylon orange de plusieurs kilomètres au Colorado).

Ces installations étaient démontées au bout de quelques semaines. Elles cherchaient à modifier la perception de l'espace. Or, à l'insu des artistes, elles préfiguraient un monde saturé d'emballages. Jamais Christo et Jeanne-Claude n'ont semblé considérer ces paquets géants comme des nuisances supplémentaires. L'idée qu'il puisse s'agir d'une parodie angoissante du conditionnement industriel leur était apparemment étrangère.

En 1984, les mêmes artistes avaient entouré de polypropylène couleur fuchsia onze îlots au large de la Floride. C'était la tentative d'empaquetage la plus vaste jamais tentée. À l'époque, la critique en avait salué la prouesse technique et l'humour. Les hectares de polypropylène étaient minutieusement ajustés aux contours des îlots et leur couleur rose satiné évoquait le paradis touristique qu'était la Floride, en une sorte de clin d'œil tautologique.

Près de quarante-cinq ans plus tard, alors que des continents de détritus flottent sur les mers, ce déploiement de plastique apparaît comme une tautologie tragique. Ces artistes performeurs n'y sont pour rien. Leurs matériaux ont changé de sens. Quant au film de grandes dimensions dont ils enveloppaient les arbres ou les monuments, il est devenu d'un usage courant en architecture. Telles de vastes bulles, les membranes en fluor polymère emballent aujourd'hui les immeubles et les stades.

L'idée d'un sachet en plastique contenant la planète Terre n'aurait sans doute pas déplu à Christo et à Jeanne-Claude. Ce genre d'installation n'aurait duré qu'un instant et n'aurait pu exister que de façon partielle et symbolique. La présence d'une membrane éphémère voilant quelques instants le soleil à hauteur des premiers cumulo-nimbus aurait mis en évidence notre emballage primordial, c'est-à-dire l'atmosphère. La métaphore aurait sans doute été parlante.

Notre vie terrestre est protégée par une couche d'air de 800 km d'épaisseur. La peau et l'atmosphère sont deux enveloppes primordiales. L'une protège l'individu, l'autre la planète. Pour vivre sur la Terre, la plupart des êtres vivants s'en sont contentés. Les humains, eux, en ont sans cesse rajouté. Ils n'ont cessé de fabriquer des enveloppes artificielles : bocaux, boîtes, cabanes, chambres, sachets en plastique, T-shirts, souterrains, chaussettes, cockpits et carrosseries de voiture. Tantôt plus proche de la peau, tantôt plus proche de l'atmosphère, chacune de ces coquilles semble vouloir meubler un grand vide. Au-delà d'un certain volume, cependant, il est vain de chercher à envelopper quoi que ce soit. Même pour Christo, la mise en sachet s'arrêtait à l'immeuble, à l'île ou au paysage.

De l'autre côté du couvercle atmosphérique, nous savons que la réalité est infinie, inimaginable. Nous vivons donc sous une cloche d'air, protégés de Dieu sait quoi. Notre bulle est parfois traversée par un petit astéroïde : un intrus venu du cosmos tombe alors sur le sol terrestre. Il peut y creuser un cratère ou provoquer une extinction massive. La plupart du temps, son volume est si réduit qu'il passe inaperçu. L'intrusion de ces cailloux célestes est pourtant régulière. Ils percent notre enveloppe-mère. Ils nous élimineront sans doute un jour ; en attendant, ils composent en bonne partie le sol que nous foulons. Nous marchons à la surface d'une minuscule décharge cosmique. Pour de nombreux humains, cette vision est insoutenable. Peut-être est-ce pour l'exorciser qu'ils produisent ces milliards de boîtes, de sachets et de tubes. En principe, un pot de confiture est hermétiquement fermé. Son couvercle le met à l'abri du cosmos.

Quelques drames d'ouverture

La guerre du blister

S'attaquer à une coque transparente qui protège quatre crayons à papier, chercher le mode d'ouverture, interroger du regard les coins, les angles, les bordures, apercevoir un pointillé imaginaire, tordre le plastique, ouvrir une brèche à la force du poignet, évaluer la résistance de l'ensemble, se couper légèrement, perdre son sang-froid, s'efforcer à la raison, prendre de la distance, souffrir dans son orgueil, frôler le désespoir, remettre cette aventure à sa place, rien de nouveau sous le soleil, interrompre ce travail sur soi-même pour constater que la coque en plastique n'a toujours pas cédé, qu'elle résiste en vertu de sa propre logique et de sa perfection intrinsèque, abandonner l'affaire le temps de trouver un cutter, revenir à l'assaut avec la confiance que procure une technologie nouvelle. Lorsque la tête des crayons est enfin accessible, l'enjeu apparaît dérisoire.

Chaque jour, la guerre du blister en épuise plus d'un. À quelle expérience primordiale nous ramène-t-elle ? Est-ce le souvenir d'une enfance soumise à d'épuisants protocoles socio-éducatifs ? Est-ce un raccourci de la conquête technologique de la planète, féroce dans son déroulement, vaine dans son résultat et dévastatrice par ses conséquences ? Ou encore un résumé de l'aventure humaine, née du désœuvrement mais aussitôt accélérée par la rivalité, la colère et le désir d'en découdre ? Un emballage sous blister est un obstacle minuscule réservé à quelques humains parvenus à une phase avancée de leur histoire. Chaque seconde de cette petite guerre condense les aventures exaltantes du passé.

Le rêve de l'ouvre-boîte

> Harris essaya alors d'ouvrir la boîte avec son canif, mais la lame se brisa et il s'entailla profondément la main. George tenta l'opération avec une paire de ciseaux, et les ciseaux lui échappèrent, manquant l'éborgner. Tandis qu'ils pansaient tous les deux leurs blessures, j'essayai de faire un trou dans la boîte avec le bout pointu de la gaffe, et la gaffe glissa, me projeta entre le bateau et la rive dans soixante centimètres d'eau vaseuse.
>
> Jerome K. Jerome,
> *Trois hommes dans un bateau.*

Jadis les boîtes de conserve ressemblaient à des coffres-forts et pouvaient contenir de quoi nourrir dix personnes. On les ouvrait au burin et au marteau, parfois au fer à souder. Il reste peu de traces visuelles de ces opérations titanesques.

Dans *Trois hommes dans un bateau*, roman de langue anglaise de Jerome K. Jerome, publié en 1889, une conserve d'ananas est soumise à des traitements extrêmes et finit par prendre une forme « étrange et monstrueusement hideuse ». Dans *La Grande Illusion*, film de Jean Renoir, Marcel Dalio joue le rôle d'un prisonnier français de la Première Guerre mondiale. Sa famille lui envoie de plantureux colis alimentaires qu'il partage avec ses camarades. Au moment où Jean Gabin remonte affamé du cachot, Marcel Dalio s'empresse de lui ouvrir une énorme conserve. Il s'y prend au pied-de-biche. Cette ouverture – filmée une fraction de seconde pour témoigner de l'amitié qui règne entre les prisonniers – a des allures de cambriolage avec effraction. Quant à la boîte géante, elle apparaît comme une cousine des engins blindés qui faisaient alors leur apparition sur les champs de bataille.

Au fil des années, le volume des boîtes a diminué. On a abandonné le burin, le marteau et le pied-de-biche pour d'autres modes d'ouverture. L'ouvre-boîte lui-même tend à disparaître, remplacé par les anneaux et les languettes. C'est un peu comme si la boîte, à force de faciliter la tâche, s'excusait d'être fermée. Aujourd'hui, faute d'expérience, le petit soc d'un ouvre-boîte a vite fait de dérailler. Creuser un sillon continu exige un certain entraînement.

Cette lame incisant le métal pour retrouver son point de départ peut inspirer une nostalgie comparable à celle des disques vinyle, aux sillons parcourus par une pointe de diamant. Pour percevoir la mélodie qui jaillit sous la pointe d'un ouvre-boîte, il faudrait une oreille que nous n'avons plus.

Essai d'ouverture
Film de Luc Moullet, 1988.

Dans ce moyen métrage de quatorze minutes, l'objet central est une bouteille de Coca-Cola qui résiste aux tentatives d'ouverture. Luc Moullet y joue son propre rôle, celui d'un consommateur de Coca-Cola frustré qui, depuis l'enfance, traverse l'existence en s'acharnant sur la capsule. Il adopte une technique puis une autre, fracasse le goulot pour filtrer le liquide, construit une lourde machine et finit par laper le Coca-Cola sortant d'un tuyau... L'ouverture de cette bouteille occupe une vie entière. Un dispositif conçu pour le confort et la simplicité se mue en obstacle infranchissable. Pour apprendre à décapsuler, il faut des décennies, mais aussi de l'audace, du talent et de la chance.

Et si cette inversion devenait la norme ? Si les emballages devenaient inviolables ? Un sachet de thé défierait notre compréhension. Une boîte de sardines déjouerait nos tentatives. Un rayon d'hypermarché serait alors une galerie de coffres-forts miniatures. Désœuvrés, nous n'aurions plus qu'à contempler ces produits inconsommables, à jamais enfermés en eux-mêmes.

Ce serait une façon de sortir de l'hyperconsommation. Lorsqu'on ne pourra plus produire au rythme actuel, faute de ressources suffisantes, au lieu de fermer les hypermarchés, il serait plus judicieux de les transformer en musées. Ces vastes collections de plastique, de verre et de papier perdraient peu à peu leur signification première. Elles deviendraient des objets de rêve ou de répulsion. Elles seraient aussi énigmatiques que les alignements de Carnac ou de Stonehenge.

Nostalgie des rafales

En chacun de nous sommeille un agresseur d'emballages. S'il s'obstine à rester fermé, le couvercle de pot de confiture finit percé de plusieurs trous. S'il nous résiste quelques secondes de trop, le pack de bouteilles d'eau achève sa carrière en lambeaux. Le raisonnement pratique ne justifie pas cette violence. L'essentiel est ailleurs. En quelques instants, l'emballage est devenu une annexe de notre corps. Nous sommes asphyxiés à la seule vue du film plastique comme s'il était plaqué sur notre visage. Sa destruction est une question de survie.

Au-delà de ces paniques ponctuelles, tout conditionnement industriel laisse planer une vague menace d'étouffement. Sa destruction nous libère, mais de quoi exactement ? Difficile à dire. Dans les films noirs, les rafales de mitraillette qui s'abattent sur les rangées de bouteilles tapissant le fond des bars me sont toujours apparues comme des instants de délivrance.

La tentation du camouflage

Elysia chlorotica est le seul animal capable de vivre comme une plante. Cette limace de mer vole des cellules à l'algue dont elle se nourrit. La photosynthèse la transforme. Elle devient brièvement végétale. Très rares, ces hybridations excitent l'imagination des chercheurs. De telles aventures n'arrivent qu'au fond des mers et réclament des millions d'années.

À force de languir sur leurs rayons, certains emballages pourraient, eux aussi, avoir la tentation de s'hybrider. Ce prodige prendrait également quelques millions d'années, mais pour les miracles, il faut savoir attendre. Enfermés dans des cartons, figés par des films plastiques, des tubes, sachets ou flacons pourraient lentement incorporer des cellules vivantes, se métisser avec un insecte de passage, voire, dans des circonstances rarissimes, avec quelques fruits de mer encore frémissants sur leur tas de glace pilée.

Il en sortirait peu à peu des espèces mutantes nées dans les sous-sols et les entrepôts, achevant d'éclore à la lumière plafonnière de la surface. Un hybride pourrait donc naître, moitié canette de

Coca-Cola, moitié poulpe. La menace constante du décapsulage planerait sur sa vie, comme la pique sur la chair du bigorneau. Pour échapper à ses prédateurs, la canette-poulpe adopterait différentes stratégies. La paroi d'aluminium deviendrait urticante, amenant le consommateur à lâcher prise. Tel autre stratagème de survie se rapprocherait de celui du lézard, dont la queue arrachée reste entre les griffes du poursuivant : aussitôt la capsule de la canette arrachée, une autre se reformerait dans l'instant.

Le camouflage serait une autre façon de se protéger. Pour un flacon de parfum, il ne s'agirait pas de se fondre dans le décor, mais de faire en sorte que l'orifice du vaporisateur ait la même couleur que celle du bouchon, tandis qu'un faux orifice de couleur voyante serait placé ailleurs. C'est ainsi que le papillon-lune parvient à berner les chauves-souris. Sa longue queue ocelée produit une vibration qui détourne le prédateur de ses organes vitaux. À force de vaporiser à côté de la cible, l'acheteur de parfum finirait par lâcher prise.

Nos petites vies défiantes

Il arrive que le concepteur d'un emballage essaie de dicter les gestes d'ouverture, un peu comme un chorégraphe. Tel sachet de sucre est censé se casser par le milieu, et non se déchirer à l'extrémité. Tel joint de caoutchouc doit être distendu en tirant sur la languette, et non en l'attaquant avec la pointe d'un couteau, ce qui donne pourtant un résultat plus rapide. Ces concepteurs ambitieux se sentent souvent victimes d'une conspiration. Personne ne tient compte de ce qu'ils préconisent.

Un Trophée de l'huître est décerné chaque année à l'emballage le plus difficile à ouvrir. Il n'y a pas vraiment de règle : n'importe quels languette, film, membrane, capsule, cerclage en caoutchouc sont susceptibles d'emporter la palme. Les systèmes de fermeture déjouent les cerveaux les plus entraînés, les gestes les plus précis. Ils ruinent parfois une vie d'entraînement et de bonne volonté. Dans *Le Château* de Kafka, l'arpenteur croit avoir assimilé toutes les normes, y compris les plus incompréhensibles. Rien n'y fait. Tout est toujours à recommencer. Il lui faut attendre la fin de son histoire pour réaliser qu'il n'avait rien compris et sans doute qu'il n'y avait rien à comprendre.

Dans cette optique, le moindre opercule peut nous être fatal si nous nous mettons à croire qu'il y a vraiment quelque chose à comprendre ou si nous pensons que nous avons le *droit* de le manipuler. Ce que l'ingénierie humaine produit n'est pas nécessairement compréhensible, voire utilisable. L'histoire des emballages alimente la défiance des humains par rapport aux productions de leurs semblables.

Tableau clinique

Il y a mille raisons de rater l'ouverture d'un paquet de biscuits. Certaines relèvent de pathologies graves. On les présentera par ordre de gravité croissant.

Au premier contact avec le paquet, le consommateur se montre impatient et fébrile. Il cherche les angles et les plis du carton, mais cet examen est au-dessus de ses forces. Il n'y tient plus. Le paquet rempli finit à la poubelle. Cette pathologie renvoie à deux phobies voisines : phobie de l'effort et phobie de la méthode. Elle se rapproche de ce que l'on nomme, chez les enfants de six à quatorze ans, le « refus scolaire anxieux ».

Avant même d'essayer de l'ouvrir, le consommateur a déjà déchiqueté le paquet, carton et plastique inclus. Il s'attaque maintenant aux biscuits, qu'il réduit en miettes. Il déchaîne sa violence contre un objet qu'il perçoit comme hégémonique et menaçant. Cette pulsion relève de la schizophrénie paranoïaque. Une intense culpabilité succède à cette destruction.

Le consommateur ne considère pas l'objet comme un paquet de biscuits, mais comme un trésor inestimable. Il refuse de l'ouvrir, de peur de l'abîmer. Cette adoption fétichiste, baptisée syllogomanie, est redoutée par les packageurs et les industriels, car elle risque d'inhiber toute forme de consommation.

Le consommateur est en proie au syndrome dit d'« inversion des substances », proche de la dyslexie. Il vide le paquet de ses biscuits et entreprend d'ingérer l'emballage, carton et plastique inclus. Ce syndrome se double d'une pulsion d'empoisonnement volontaire.

L'ART SOUVERAIN DE PRESQUE TOUT JETER

Proposition pour un hypermarché sans caisses

Amazon a créé le premier hypermarché sans contact. Il suffit au consommateur de connecter son téléphone portable à l'application de la marque pour que son compte bancaire puisse être débité. Ensuite, dans l'hypermarché, à mesure qu'il choisit les marchandises dans les rayonnages, caméras et capteurs le filment et l'identifient. Cette simplicité paraît indépassable. La suppression des intermédiaires humains – raison d'être des grandes surfaces – y trouve son achèvement ultime.

Le dernier stade de perfection reste à atteindre. Il faudrait proposer au consommateur de jeter le produit au moment même où il l'achète. À mesure qu'il arpente le rayon des surgelés ou de l'électroménager, les mêmes caméras et capteurs seraient chargés de débusquer chez lui la moue dubitative, les premiers signes de fatigue dans le regard. Ils pourraient ainsi aller au-devant d'un désir encore inconscient de se débarrasser de la marchandise. De vastes containers à déchets seraient placés en sous-sol. Les produits y tomberaient directement. Avec le règne du pré-jetable, toutes les passions seraient satisfaites. Les étapes seraient brûlées. Le consommateur humain arriverait au seuil de son propre effacement.

La passion du rebut

Jeter n'est pas à la portée de n'importe qui. C'est un programme ambitieux qui se déroule en plusieurs étapes. Il faut d'abord trouver à l'objet certaines qualités. Il faut ensuite le garder auprès de soi pendant un certain temps ou en consommer une partie. Il faut enfin nier sa valeur et le faire disparaître. Cela demande un certain apprentissage, une certaine maturité. Il faut pouvoir revenir sur un choix premier pour le déclarer inepte, une heure ou dix ans plus tard, accorder une valeur à la chose et la lui retirer. Un va-et-vient aussi fluide, aussi capricieux, est le fruit d'une longue éducation. La plupart du temps, nous jetons d'abord les emballages. Certes, le plastique, le verre et le papier sont des accessoires, mais nous leur avons accordé pour un temps une certaine valeur. Se débarrasser d'un film plastique ou d'une bouteille ne va pas non plus de soi.

D'autres espèces vivantes semblent capables de jeter un objet au sens humain du terme. Dans les forêts de Nouvelle-Zélande vit un oiseau nommé « jardinier brun ». Il ressemble à un gros merle et fait collection d'objets. Ses trouvailles, souvent chatoyantes et de couleur unie, s'accumulent dans un nid de branchages. Elles ne servent qu'à la parade nuptiale. Sa femelle une fois conquise, le « jardinier brun » oublie sa collection. Il ne la déplace pas, ne la fait pas disparaître, il s'en éloigne. C'est un jeteur sans poubelle ni décharge. Un bois peuplé de « jardiniers bruns » est un cimetière de nids d'amour qui pourraient éventuellement resservir.

Chez les humains, l'annulation de la valeur est subtile. Il est difficile de la situer dans le temps. Sitôt acheté, un objet peut nous déplaire. Nous regrettons son acquisition. Nous voudrions ne jamais l'avoir vu. Quelle hâte alors à le plonger tout entier dans un sac-poubelle ! Il disparaîtra de nos mémoires. L'annulation de la valeur est instantanée, elle se loge dans une inflexion du regard, un certain rythme du geste. Une cuisine, une salle de bains, un bureau où l'on travaille sont autant de petits territoires où ce genre d'abandon peut survenir.

Dès le premier contact avec la marchandise, la trahison est dans l'œuf. Nous savons où tout cela finira. Notre pas ralentit dans les travées du rayon électroménager. Nous sommes en proie à une passion hybride où coexistent désir d'appropriation et désir d'élimination. C'est l'ambivalence que Baudelaire attribuait au lecteur :

Il ferait volontiers de la Terre un débris
Et dans un bâillement avalerait le monde.

Faire disparaître est une passion dangereuse. Qui ne l'a pas ressentie face à d'autres humains ? En famille, par exemple, ou dans un groupe de vieux amis, il nous semble qu'un tel ou une telle ont assez duré. On peut se demander si cette facilité à escamoter les choses dans une corbeille, un sac-poubelle ou un vide-ordures, n'est pas l'accomplissement détourné d'un désir dirigé contre nos semblables. Ce pourrait être aussi une répétition générale. Table rase. Cuisine nette. Plus de traces de la vie commune. L'existence reprendrait son cours sur une planète enfin libérée des indésirables.

En 1959, l'American Medical Association dénonçait le danger des sacs en plastique. Les enfants, disait-on, pouvaient s'étouffer avec. Le principal groupe industriel producteur de plastique aux États-Unis avait alors conseillé aux parents de jeter les sacs aussitôt après usage. Il semble que le même groupe ait envisagé de conseiller aux parents de conserver les sacs et de jeter les enfants, mais que cette option ait été finalement écartée.

Libérations anticipées

Lorsqu'on est un rouage dans la machine à produire, nous avons besoin du soutien moral d'un produit conditionné sous vide. L'évasion du gaz comprimé dans une canette de soda parle secrètement à notre condition de forçat du clavier. En libérant le CO_2, nous jouons avec une matière soumise, nous retrouvons un peu le pouvoir. Ensuite, catapultée dans la corbeille, la canette vide rejoint les liasses de tirages imprimés, elle est prise dans la masse de déchets de notre activité. Elle atteste notre double rôle de producteur et de consommateur.

La poubelle et le *selfie*

La pensée binaire nous est naturelle. Nous oscillons entre le bien et le mal, l'être et le néant, le oui et le non, l'amour et la haine. Certaines vies s'organisent entre la poubelle et le *selfie*. D'un côté, l'élimination du déchet ; de l'autre, le point culminant de la valeur d'un objet. Se prendre en photo à côté de ce qu'on aime – coucher de soleil, pizza, être humain, animal ou flacon de parfum… – est l'expression d'une adoption sans réserve. Cette fusion ne dure qu'un instant, mais elle est fixée par des millions de pixels. Après avoir été diffusée auprès des amis, l'image du *selfie* rayonne en secret au fond d'un smartphone.

Antithèse du *selfie*, la mise au rebut est tout aussi fulgurante. Un instant suffit pour dépouiller l'objet de toute valeur. C'est une adoption à rebours. Nulle trace photographique n'en sera conservée. La personne qui jette s'abstient d'immortaliser son geste et ne se jette pas elle-même à la poubelle. En ce sens, la symétrie ne tient pas. Il arrive que la négation ne soit pas le contraire de l'affirmation, mais son défaut.

Ce qui rapproche le *selfie* de la mise au rebut, c'est leur commune instantanéité. L'histoire des humains n'est-elle pas une constante accélération ? Notre mode de vie n'en est-il pas l'aboutissement ? Il culmine désormais dans l'instant. Trois secondes nous suffisent pour nous prendre en photo à côté d'une meringue à la crème chantilly et pour que cette image fasse le tour de la planète. Une demi-seconde nous suffit à faire glisser la même meringue dans un sac-poubelle.

Pendant des siècles, pour garder une trace de l'être cher ou de l'objet précieux, il a fallu les peindre ou les dessiner. Dans les débuts de la photographie, le modèle posait encore. La lenteur favorisait une lassitude passagère – souvent repérable à quelques négligences du peintre, une bouche légèrement bâclée, un œil sans éclat – suivie d'une nouvelle touche plus vibrante. Symétriquement, les objets jetés ne disparaissaient pas aussi vite du champ visuel, ils stagnaient un certain temps dans des arrière-cours et les fossés. L'éloignement était progressif, la dépossession plus lente. Désormais, les deux pôles, adoption et rejet, s'effectuent dans l'instant.

Cette logique va-t-elle encore s'accentuer ? Tout ce qui n'est pas photographié sous forme de *selfie* finira-t-il aussitôt à la poubelle ? Un certain danger pimenterait alors la vie des humains, mais aussi celle des objets. Pas de demi-mesure, diraient alors les esprits radicaux, l'esprit vomit les tièdes... La plupart des humains ont choisi l'entre-deux. Ils se constituent un éventail d'objets et de comportements qui ne méritent à leurs yeux, pour l'instant, ni *selfie* ni poubelle.

La fiction sens dessus dessous

Il est rare, dans un film de fiction ou une série, de voir un personnage jeter quelque chose. La vie se déroule autour d'un point invisible, qui est celui de la poubelle. Nous voyons parfois ce que les personnages achètent et consomment, presque jamais ce qu'ils éliminent.

Et si tout s'inversait ? Des séries télévisées consacreraient alors de longs plans fixes au contenu des poubelles. Cela pourrait devenir une contrainte de la narration. Ainsi, dès le troisième épisode, la main du personnage principal laisserait choir un pot de yaourt dans une benne municipale. Pourquoi aller si loin pour jeter un pot de yaourt ? Ce plan-séquence anticiperait sur l'épisode suivant et déclencherait une attente fébrile.

Dans la fiction télévisée, ce dévoilement des poubelles, bennes et containers mettrait notre monde sens dessus dessous. Toute histoire commencerait par la fin, c'est-à-dire par la trace ou le déchet qu'elle a laissés. L'art de filmer se rapprocherait de l'archéologie. On finirait par voir la masse détritique comme une promesse de vie et la consommation comme une préfiguration de la mort. Le temps s'écoulerait à l'envers. Peut-être n'y aurait-il plus de fiction.

Le concert du vide-ordures

> Entre l'amour et le vide-ordures automatique, la jeunesse de tous les pays a fait son choix et préfère le vide-ordures.
>
> Ivan Chtcheglov,
> *L'Internationale situationniste.*

Longtemps fabriqués en ciment amianté, les vide-ordures, aussi appelés dévaloirs, traversaient les édifices de haut en bas comme de longues caisses de résonance. Je me souviens du tintement des boîtes de conserve qui s'atténuait dans les profondeurs. Il y avait aussi le glissement furtif des fruits et des légumes jetés tout entiers et le frottement du papier qui menaçait de rester bloqué entre la trappe et le conduit, comme un objet avalé de travers. Le vide-ordures était un instrument à percussion creusé dans les murs. Son mode d'emploi était unique en son genre : les déchets le percutaient de l'intérieur et sur plusieurs dizaines de mètres, si bien que le concert n'était entendu, d'un étage à l'autre, que par séquences successives.

Grâce au vide-ordures, le déchet rendait un dernier son avant de disparaître. Son effacement immédiat accompagnait le bonheur primitif de la consommation. Il incarnait une époque d'innocence.

Une deuxième bouche se nourrissait de tout ce que nous jetions. Elle engloutissait nos questions et nos inquiétudes. La magie de la poubelle en était renforcée. La vie domestique ne laissait plus de résidu visible.

Peu à peu, on a démonté ces petites mâchoires domestiques et comblé ces œsophages de ciment. On a fait disparaître ce symbole d'une croyance heureuse. Même au vingtième étage d'un immeuble, on s'efforce désormais de trier. On descend des sacs différenciés dans une procession permanente. Rien n'est jamais remonté d'un vide-ordures. Son démontage ne fera donc pas réapparaître ce qu'il a englouti. Il en restera une mémoire auditive, fragile. Peut-être revivra-t-il un jour pour des raisons musicales.

Le tri infini

Nous n'en finissons pas de sortir du jardin d'Éden. Chaque décennie propose un nouvel épisode du traumatisme originel. Dans les années 2000, ce fut l'instauration du tri des déchets.

Rares sont ceux qui aiment trier. Cette opération contrarie nos penchants naturels. Elle freine l'écoulement de la vie. Elle bloque la porte de sortie. Dans ce bref cauchemar quotidien, nos phobies élémentaires jouent un rôle. Ce qui sort du corps doit disparaître aussitôt. Cet apprentissage remonte à la petite enfance et fait partie de notre construction intime. Sans ce refoulement primordial, peut-être ne pourrions-nous ni parler ni vivre en société. Le tri nous oblige à tout remettre en cause. C'est un arrêt sur image, une immobilisation du flux. Aboutissement raisonné de notre parcours, il nous prend à revers.

Des êtres moins raffinés que nous auraient moins de répugnance à plonger les mains dans leurs déchets. Le tri est l'impasse finale d'une longue histoire de sophistication matérielle. Nous sommes pris au piège, victimes de la perfection de nos œuvres. Ce cul-de-sac quotidien serait le moment idéal pour une méditation stoïcienne. Marc Aurèle écrivait : « Ne point se laisser entraîner par le tourbillon ; mais, dans toute entreprise, appliquer ce qui est juste ; et, dans toute pensée, conserver avant tout la plénitude de l'intelligence, qui comprend les choses. » Cet empereur romain n'a jamais trié de déchets ménagers.

Dans les années 1950 et 1960, Daniel Spoerri a créé ce qu'il appelait des « tableaux-pièges ». Ustensiles et reliefs de repas y figuraient à la verticale, soudés à même la table renversée et accrochée au mur comme un tableau. Au-delà du dépaysement qui consiste à figer l'éphémère d'un repas dans une composition définitive, ces œuvres apparaissent aujourd'hui comme une préfiguration du tri infini. Tout y est fixé sous nos yeux, non seulement le repas avec ses gobelets en plastique, mais les ustensiles de l'artiste qui ont servi à le confectionner. Rien ne s'évacue. Le tri proprement dit n'a pas encore eu lieu, mais le tableau en est la scène d'exposition préliminaire. Tel un aimant, son support attire déchets et ustensiles. Il ne les évacue pas, il les fige. Le regard lui-même y reste piégé, comme le dernier instrument qui a contribué à la naissance de l'œuvre.

Les œuvres-pièges de Spoerri étaient parfois ensevelies et leur exhumation prévue à longue échéance. Une même démarche associait l'art et l'archéologie. Qu'est-ce qui passionne les archéologues, sinon le goût de l'inconnu, du caché, de l'immémorial ? Le tri quotidien pourrait-il susciter les mêmes émotions ?

Le fantôme du chiffonnier

Le chiffonnier est une espèce éteinte. En Europe, ce métier a définitivement disparu au cours des années 1950, remplacé par les bennes-tasseuses et le retraitement des déchets. Dans ses derniers écrits, Walter Benjamin, lecteur de Baudelaire, en avait fait une profession emblématique. Le chiffonnier collecte, trie, met de côté, réfléchit à un usage futur. Il ne prétend pas tirer un profit immédiat de ce qu'il récupère. Contrairement au flâneur et au collectionneur, il n'esthétise pas, ne magnifie pas. Sa curiosité n'est ni oisive ni contemplative. Il travaille à son rythme et sans prétendre apporter de solutions définitives. En tant qu'intellectuel, Walter Benjamin s'identifiait au chiffonnier, collectant des fragments perdus d'époques révolues, les comparant, les interprétant sans bâtir de système hâtif.

L'espèce du chiffonnier survit peut-être au fond de nous. Comme d'autres espèces humaines éteintes - celle de Neandertal ou de Denisova –, ce collecteur de pièces détachées a pu laisser derrière lui quelques gènes éparpillés qui hantent le génome des Sapiens Sapiens que nous sommes. Ces gènes inactifs et muets pourraient se réveiller. Un environnement modifié, plus rude et moins hospitalier, l'exigera peut-être un jour, comme il pourrait ressusciter les chromosomes de Neandertal et de Denisova.

Les Dieux sont tombés sur la tête
Film de James Uys, 1980.

Jetée d'un avion en plein ciel, une bouteille de Coca-Cola atterrit dans le désert du Kalahari, en Afrique du Sud. Elle tombe aux mains d'un vieux chasseur bochiman dont la tribu ne connaît rien du monde industriel. Elle provoque d'abord la stupeur des Bochimans, puis leur fascination. Cet objet n'a pas d'usage connu, mais il sert à tout. Il permet d'équarrir la peau d'une gazelle, d'assouplir des lianes et rend un son flûté dès qu'on souffle sur son goulot.

Autour de la bouteille vide, les rivalités se déchaînent ; la cohésion du groupe est menacée. Le chasseur qui l'a trouvée demande aux dieux de la reprendre. En vain. Il la jette en l'air, elle retombe. Alors, il décide de l'éloigner de la communauté et, au terme d'une longue pérégrination, débarque dans une grande ville.

Dans ce film, la bouteille de Coca-Cola n'existe qu'en un seul exemplaire. Elle sert à tout, sauf de bouteille. Les convoitises qu'elle fait naître sont bien supérieures à celles que susciterait le même objet affecté à son usage habituel. On peut en tirer ce théorème bancal et fragile : s'il est fabriqué à un seul exemplaire et qu'on ignore son usage, un emballage industriel acquiert des pouvoirs illimités.

Une sépulture sous-marine

> Au fond des eaux ton père repose
> Ses os seront du corail rose
> Ses yeux de perle devenus
> De lui rien ne sera perdu
> Car l'eau marine bientôt le change
> En une chose riche, étrange.
>
> William Shakespeare,
> *La Tempête.*

Je regarde un reportage sur *France 24*. Les pêcheurs de l'Adriatique seront désormais rémunérés pour les déchets qu'ils attrapent dans leurs filets. Quelques dizaines d'euros leur seront versés par kilo de détritus. Que voit-on ? Un filet est remonté des eaux vertes. Un bric-à-brac monotone le remplit : bouteilles, flacons, fragments d'objets ménagers – on reconnaît un fragment de tuyau d'aspirateur –, tubes et sachets. L'âge de ces déchets est incertain. Des traces d'algues recouvrent le tuyau. Certains récipients, les plus anciens, sont opacifiés par une pellicule de sel ; d'autres, plus récents, sont parfaitement transparents. Ils n'en tirent aucun prestige. Lorsque les fonds sous-marins parviennent, en quarante ans, à dégrader une paroi de plastique, l'œil humain en éprouve du soulagement. On se remet à croire à une nature vengeresse et destructrice. On reprend confiance en la mer éternelle.

Le résidu plastique rôde depuis un demi-siècle, il hante notre champ visuel, notre pensée, notre langage. Pourquoi un amas de déchets sous-marins est-il si difficile à décrire ? En tant qu'objet de description, un bout de plastique à l'abandon en vaut un autre. Sa forme ne parle plus. C'est la trace d'une intention ancienne, industrielle ou marchande, qui a perdu toute pertinence, toute actualité. Ainsi, pour les déchets, seuls comptent leur situation – décharge à ciel ouvert, fond sous-marin, éparpillement rural ou urbain – et leur matériau – verre ou plastique. Bouteille, tuyau d'arrosage, clé USB, raquette de ping-pong... tout se confond en une masse indistincte. Abandonnés au fond des mers, enterrés ou entassés dans une décharge à ciel ouvert, ces objets ont perdu leur nom. Même s'il existe différentes variétés de polymères, elles n'entrent plus en ligne de compte.

Le peu qui attire encore l'attention est plutôt lié à l'interférence d'éléments naturels. Telle bouteille en plastique sera recouverte d'algues ou de sel. Un tuyau d'arrosage se signalera par des traces de vase sous-marine. Un résidu de sachet éventré se distinguera par les quelques mollusques qui y auront élu domicile. On ne parvient à parler d'un déchet à l'abandon que par sa situation ou les accidents qu'il a subis. Le produit de l'industrie humaine, si singularisé au moment de sa conception et de sa mise en vente, est retombé pour toujours dans un magma indistinct.

L'abondance du plastique errant à la surface de la terre et des eaux coïncide avec une fatigue du langage. Il y a un épuisement *a priori* à décrire ce dont nous ne savons plus quoi faire, à parler de ce qui n'a non seulement plus de nom, plus de destination, mais même plus de *disparition* possible. Pour évoquer séparément chacun des objets d'une décharge, la mémoire des mots n'est plus disponible. Il faudrait que chaque substantif, chaque verbe, chaque adjectif, trouve son double ou plutôt son fantôme. Il faudrait envisager de créer, à côté de ces objets en déshérence, de vastes décharges de mots. Cette sous-langue reste donc à inventer, pour une décennie future où nulle portion d'espace visible ne sera exempte de la présence d'une bouteille en plastique.

Âmes errantes

> Innombrables comme les feuilles qui,
> dans les forêts,
> Glissent et tombent
> aux premiers froids de l'automne,
> Ou comme les myriades d'oiseaux qui,
> venus du large vers la terre,
> Se rassemblent dès que la froide saison
> les fait fuir [...].
> Ils restaient debout, suppliant
> de pouvoir traverser les premiers
> Et tendaient les mains,
> dans leur désir de l'autre rive.
>
> Virgile,
> *Énéide*, chant VI.

Sacs en plastique sur les bords de la Marne. Ils sont plusieurs dizaines, rassemblés sur un lit de sable et de vase, certains apportés par le vent, d'autres par le courant. On dirait qu'ils attendent un passage vers l'autre rive comme les âmes errant le long du Styx, le fleuve des enfers. Homère et Virgile l'ont écrit : c'était le sort des défunts sans sépulture. Ces âmes se lamentaient, elles s'effaçaient lentement, impuissantes à traverser les eaux.

Parmi les sacs de la berge, certains ont conservé leurs couleurs et leurs signes graphiques. Ils portent encore la trace de cette *intention marchande* qui fut pour eux, dans le monde des humains, l'équivalent d'une âme. D'autres sont blancs ou translucides et tremblent sous le vent, accrochés aux épines de la berge. Ceux-là ne franchiront pas le fleuve. Ils mettront plus de quatre cents ans à se décomposer, peut-être retenus par une branche ou un galet, mais plus probablement dans les eaux de l'océan, dégénérant en microparticules pour habiter à nouveau d'autres rives, d'autres corps.

Au moins cent mille fois plus nombreux que les humains, les sacs en plastique ne sont que la forme passagère d'un flux d'hydrocarbures. Ils en représentent une étape, une sorte d'écluse entre l'amont et l'aval. En amont, les nappes qu'on extrait du sous-sol ; en aval, des microparticules dispersées à l'infini dans les sols et les eaux ; au milieu, ces objets en forme de sacs, fruits de l'industrie et des hallucinations humaines.

Où les sacs plastiques pourraient-ils reposer en paix ? Sur une plage d'Hawaii, il y a quelques années, on a identifié une substance hybride baptisée plastiglomérat. Ce matériau agglomère les résidus plastiques cimentés par du sable. À Madère, certains rochers sont revêtus d'un vernis bleu pâle. C'est le début d'une fusion, d'une géologie mixte. Les âmes errantes du plastique n'évoluent pas au même rythme que nous, il leur faut quelques décennies pour trouver leur sépulture.

Qui sait si le plastique, dans un avenir où les humains ne seront plus, ne reprendra pas une vie géologique à part entière ? Non pas sous une forme dégradée, mais sous la forme manufacturée que nous lui connaissons, naturellement ressuscitée. Au hasard des fusions, des condensations, des résurgences, d'immenses galeries naturelles de polymère pourraient surgir dans les sous-sols. Des balcons plastifiés se formeraient au sommet des montagnes. Un hublot de plexiglas s'ouvrirait entre deux couches de granit. Dans l'infinie transformation des éléments, la reconstitution spontanée d'une forme industrielle est une possibilité parmi d'autres. Pris dans ces nouvelles textures surgies de grands désordres géologiques, quelques vestiges de l'activité humaine subsisteraient néanmoins, branches de monture de lunettes et capuchons de stylo bille réputés indestructibles.

Sur scène

Une photo d'oranges pré-épluchées et emballées dans du plastique a déclenché une polémique sur le web. Plusieurs internautes ont déclaré ces images « asphyxiantes ». La même réprobation s'est abattue sur l'emballage de l'œuf au plat. Ces objets trop aventureux ont été retirés de la vente. L'œuf au plat et le quartier d'orange sont-ils trop nus, trop vulnérables, trop vivants pour être acceptés comme des marchandises sous emballage ? Y a-t-il une éthique de l'écorce et de la coquille ? Il semble en tout cas qu'au-delà d'une certaine frontière, le film plastique soit perçu comme mortifère. Rien n'empêche la chose de proliférer sous forme de microparticules ou de dériver à la surface de l'océan, mais c'est sur scène, c'est-à-dire sur les rayonnages, que plane l'interdit. Il y a des choses que l'on fait dans la vie, mais que l'on ne montre pas au théâtre.

Après la bataille

Ce qui flotte à la surface des océans et tapisse les fonds sous-marins est un immense dépôt d'armes qui ne sert plus. Ce plastique coloré de différentes façons, façonné par d'éminents designers, était conçu pour nous séduire et nous conquérir. Ces projectiles sont d'une autre sorte que ceux utilisés lors des guerres d'autrefois et se présentent de façon plus aimable que le plomb des mitrailleuses. Ils ont atteint nos nerfs optiques et notre inconscient, excité nos appétits, entretenu notre zèle de consommateurs. Après ce travail indolore et silencieux, ils ont rejoint les profondeurs du sol – où leur durée de vie est estimée à des milliers d'années – et le fond des océans – où leur travail continue, autrement toxique. Le paradoxe est qu'ils sont l'aboutissement d'une longue espérance pacifique : vivre et consommer longtemps ; convoiter tranquillement, bercés par l'*easy listening* des galeries marchandes, ce qu'on n'a ni envie ni besoin d'acheter ; remplir son réfrigérateur au lieu de faire la guerre.

Résurrections impensables

Les chrétiens d'il y a mille cinq cents ans se posaient la question de l'apocatastase. En grec, *apocatastasis* signifie la restauration, la reconstitution. Tout sera-t-il reconstitué à la fin des temps ? Si la création divine est bonne, Dieu permettra-t-il qu'elle disparaisse dans le néant ? Peut-il laisser de côté les objets fabriqués, avec la permission divine, par les êtres humains ? Ces questions ont été débattues aux IIIe et IVe siècles. Des voix se sont élevées pour affirmer que la création artisanale, y compris la plus modeste, devait reprendre sa forme initiale au Jugement dernier. Les tessons de la cruche cassée devaient être recollés, le manche de la pioche ressoudé, le drap non seulement recousu, mais rénové, sans coutures apparentes, comme le corps triomphant des ressuscités.

S'il avait fallu envisager la renaissance de centaines de millions de sachets de sucre et de tubes de dentifrice, Origène et Grégoire de Nysse auraient-ils accepté d'entrer dans un tel débat ? Si toutes les carrosseries de voitures, déclarées *bonnes* par nature, avaient dû réapparaître, il aurait fallu, pour préparer le jour du Jugement, construire des milliers d'autoroutes et de parkings souterrains.

Le musée introuvable

L'architecture intérieure d'une poubelle nous est à jamais inaccessible. Sur le plan esthétique, la perte est sévère, surtout lorsqu'il s'agit de plastique et de papier. Ces sculptures aux formes variées sont composées de bouteilles d'eau minérale concassées, de fragments de cartons, de lambeaux de plastique diaphanes ou colorés. Il s'agit, la plupart du temps, d'une œuvre collective. La technique de création est chaque fois la même : lacération, broyage, rembourrage, écrasement par pression successive... la touche finale consiste parfois en quelques coups de poing pour tasser la masse et la rendre aussi compacte que possible.

Ces sculptures comprimées dans leur container sont acheminées vers un camion-benne qui les engloutit. Elles sont à jamais perdues. On peut rêver d'un décoffrage, même très bref, avant leur disparition. Par dizaines de millions, ces chimères de plastique et de papier seraient furtivement exposées à l'aube.

Cette vision n'est pas complètement vaine. Elle a hanté l'imagination des architectes déconstructivistes. Cent fois plus hautes, leurs structures de béton et de verre reproduisent souvent le fantôme d'une poubelle perdue. L'entassement des matières au fond d'une benne est un laboratoire de formes capricieuses où la ligne droite est bannie. Un papier froissé peut servir de maquette à une construction de six mille mètres carrés.

Avant le bruit de fond

Dans les années 1960, le sculpteur Arman crée une série d'œuvres intitulée *Poubelles,* en remplissant des récipients de Plexiglas de déchets ménagers. Si l'on y cherche une composition, une harmonie secrète, on se trompe. Si l'on y cherche un sabotage méthodique de toute forme d'harmonie, on se trompe encore. Ce qu'on voit n'est que la forme sauvage et aléatoire du contenu d'une vraie poubelle. Le seul critère de cohérence est lié à la provenance des détritus : *Poubelle des Halles, Petits déchets bourgeois, Poubelle de Jim Dine...*

Les fenêtres en Plexiglas d'Arman donnent sur des natures mortes. Il s'agit non seulement de fixer la part la plus éphémère de la vie quotidienne, mais d'inverser l'ordre de priorité que la société de consommation accorde aux objets. Pour Arman ou pour Spoerri, le rebut de Paris ou de New York en 1965 mérite autant un regard archéologique que les vestiges d'une ville antique. Au milieu du XXe siècle, le déchet apparaît donc comme une trace précieuse, portant en lui une mémoire enfouie, reniée. C'est l'envers de l'histoire contemporaine. Par leur ingénuité, leur absence d'apprêt, les poubelles apparaissent plus réelles que les intérieurs bourgeois. Les déchets se prêtent au jeu artistique de l'inversion des valeurs. Ils se laissent questionner sans fin et semblent doués d'une puissance rédemptrice. Peut-être, en héritiers industriels des anciennes « vanités », ont-ils permis de méditer sur l'insignifiance de toute chose.

Dans les années 1960, la masse des déchets se met à progresser de façon exponentielle, mais sur le moment, cette accélération passe inaperçue. Ce n'est pas cela qui retient Arman et Spoerri. L'idée que les détritus constituent une réalité envahissante, omniprésente et d'envergure géologique n'est pas encore dans les esprits. Le désastre est en cours, mais son bruit de fond est peu audible. Lorsque Thomas Hirschhorn, dans les années 2000, installe dans les musées des espaces saturés de déchets, ce n'est plus le même geste. Il ne fait qu'aiguiser la conscience ordinaire du désastre.

Récemment, dans des musées d'art contemporain, des œuvres élaborées à partir de déchets ont été emportées par les équipes de nettoyage. Un sac-poubelle signé Gustav Metzger a été récupéré dans les containers de déchets de la Tate Britain. Ce retour à l'origine aurait pu être prévu par l'artiste et faire partie du parcours programmé de l'œuvre. Plutôt que d'être extrait du magma et définitivement consacré par le geste artistique, un assemblage de déchets remplirait un mandat temporaire. Quelques échantillons feraient ainsi une escale passagère au musée. Leur retour à la poubelle centrale serait laissé à l'initiative des employés du ménage ou même des visiteurs.

Le tombeau de Diogène

En écrivant ces textes, je me suis régulièrement retrouvé le nez dans la corbeille à papier. Je récupérais ce que je venais de jeter pour tenter d'en faire un objet de contemplation. Après avoir acheté une nouvelle brosse à dents, je n'avais d'abord de cesse que de déchirer son blister rigide et son support cartonné. À peine l'objet était-il dégagé de sa gangue que je revenais précipitamment vers la corbeille avec ce mot d'ordre intérieur : oublie l'objet, contemple l'emballage, surtout lorsqu'il ne sert plus... Alors je posais les lambeaux de l'étui plastifié sur mon bureau afin d'en donner un compte-rendu précis. Mais l'élan retombait aussitôt. Un déchet ne parle plus de la même façon qu'un emballage *vivant*. Son halo efficace est derrière lui. La façon dont il a pénétré notre système nerveux, envahi notre imagination et accéléré notre achat n'est plus qu'un très vague souvenir. L'emballage est ainsi conçu qu'il ne mobilise qu'une partie très superficielle de notre attention. Il n'empiète pas ou peu sur notre mémoire visuelle. Il encombre l'espace sans exprimer de présence.

Après avoir vidé l'intégralité de la corbeille sur le sol, je retrouvai le heaume de plastique thermoformé qui recouvrait la tête de la brosse à dents. Je n'avais plus entre les mains qu'une coquille vide, un souvenir du champ de bataille. Une fraction de seconde, cette petite brosse m'était apparue casquée de plastique, comme une guerrière amazone. Sa ligne et son ergonomie m'avaient apporté une satisfaction fugitive, immédiatement chassée par l'impatience de m'en défaire. L'emballage surgissait devant moi comme un revenant. Au moment où je cherchais à le saisir, il n'était plus.

J'ai pensé alors à cette pathologie que l'on appelle le syndrome de Diogène et qui consiste à accumuler chez soi des objets inutiles, en particulier des emballages vides. Cet entassement est le contraire d'une collection, puisqu'il ne porte que sur des choses sans valeur. Ces monticules de plastique et de papier ne parlent même pas du passé, ils n'évoquent aucun souvenir. Il semble plutôt que le syndrome de Diogène ait partie liée avec l'amnésie. S'entourer de choses jetables et oubliables, c'est s'installer dans l'antichambre de sa propre disparition. C'est peut-être aussi une tentative désespérée pour arrêter le flux, réserver une place à ce qui n'en a plus.

En lisant de récents faits divers, je me suis demandé si ces personnes qui rendent leur lieu de vie inhabitable à force d'y accumuler des détritus n'en venaient pas à mimer l'humanité sur la Terre. Elles s'encombrent à l'infini. Elles vivent dans un espace clos dont plus rien ne peut sortir. Elles mettent fin à l'illusion de l'évacuation, du lointain, du « grand large ». Transformé en décharge, leur lieu de vie devient emblématique. Leur folie prend la forme inverse de celle des humains qui, en faisant place nette chez eux, encombrent le monde extérieur. Du point de vue du syndrome de Diogène, un salon rangé et nettoyé est peut-être la forme de délire la plus radicale.

Mon paresseux travail d'écriture se poursuivait. Je choisissais quelques emballages emblématiques que je posais en évidence sur une table, puis je les jetais avant même d'avoir pu les décrire. Vivre dans une décharge à domicile était au-dessus de mes forces. Cet enfermement m'aurait conduit ailleurs. L'étonnement quotidien m'aurait quitté. Il aurait fait place à une sorte de stupeur et l'écriture elle-même serait devenue sans objet.

Méditation sur la marchandise

La crise des ensembles

Le fond de la réalité est-il quelque chose d'informe, d'insaisissable et d'illisible ? Sagement, la plupart des humains s'abstiennent de formuler cette hypothèse. Cependant la hantise du magma primordial – ce que la Bible appelle le tohu-bohu, ce que la Grèce antique nommait le chaos – est sous-jacente aux mythes de la création du monde. Notre goût de la classification exorcise l'horreur du désordre originel. La passion des emballages n'y est pas étrangère. Classer, emballer, peser, « ne pas tout mettre dans le même sac », ensacher non seulement les carottes avec les carottes, mais aussi les idées, les euros et les dollars.

Les marques prolongent cette homogénéité dans le temps. Avec elles, chacun peut miser sur la reproduction à l'identique du goût, de la taille et de l'apparence. Nul besoin de vérifier le contenu avant d'acheter, un œil intérieur s'en est chargé. Personne ne sent, ne touche, ne voit, ne goûte mieux qu'une marque. Son travail disqualifie celui des sens.

« Ensembliste-identitaire » : c'est ainsi que Cornelius Castoriadis qualifiait la pensée logique et causale. Les objets assemblés doivent y être aussi semblables que possible, qu'il s'agisse de données mathématiques ou de cageots de mandarines. Ce n'est qu'à ce prix que l'on peut établir des liens entre les ensembles. C'est seulement ainsi qu'on se tient à distance du flux hétéroclite et incessant du monde sensoriel. Découper, trier, classer, nommer : une cagette de tomates cerises va très loin en ce sens. On essaie de calibrer le fruit, mais aussi les pépins et la queue.

Les humains y gagnent un sentiment de sécurité qu'ils savent illusoire. C'est un mirage nécessaire à la vie sociale. Personne ne doute qu'une boîte de biscottes ne contienne que des biscottes. Nos achats reposent sur cette croyance aveugle. La découverte d'une pince à linge dans un sachet de parmesan râpé nous plongerait dans une horreur muette. L'hypothèse d'une erreur de fabrication ne suffirait pas. Celle de la négligence individuelle non plus. La chaîne de fabrication est *a priori* si bien conçue et contrôlée qu'une telle anomalie témoignerait d'un profond désordre industriel. Seuls quelques esprits se réjouiraient. Leur heure n'est pas encore venue.

À Naples, à la fin des années 1990, j'ai acheté à un revendeur de rue un paquet de cigarettes Dunhill. Il était recouvert d'un film transparent avec une languette d'ouverture indiquée en pointillé. À l'intérieur, j'ai découvert des cigarettes de tailles et de marques différentes, certaines sans marque apparente. Une reconstitution aussi minutieuse de l'enveloppe extérieure avait sans doute exigé des heures de travail. Par rapport au coût de l'opération, le prix de vente était dérisoire. Je n'ai fumé aucune de ces cigarettes disparates, j'ai conservé ce paquet comme un petit trophée. J'imaginais qu'en dehors de la raison économique, des puissances mystérieuses intervenaient parfois pour dérégler la composition d'un produit.

S'il fallait réorienter la vie des humains dans un sens moins industriel, moins consommateur, cette façon de brouiller les cartes serait peut-être utile. Chacun s'habituerait lentement au contenu composite et imprévisible de ses achats. Un paquet affichant « biscottes » contiendrait aussi plusieurs sachets de thé – dans l'idée de favoriser les assemblages quotidiens – puis, peu à peu, des substances sans aucun lien logique avec les biscottes, par exemple du Doliprane ou du rouge à lèvres. En poussant l'idée plus loin, les livres, les films, les jeux vidéo et les programmes de télévision seraient eux-mêmes composites, interrompus. Dans ce domaine, un tel processus n'a rien de fictif. Il a même commencé depuis longtemps.

Des emballages au contenu composite permettraient à chacun de se rapprocher à son rythme du magma primordial. Peu à peu, l'esprit « ensembliste-identitaire » serait démantelé. Cette abolition progressive ne serait pas sans conséquence. Il faudrait s'attendre à un grand énervement collectif ponctué de dépressions individuelles. À terme, des épisodes de guerre seraient à prévoir, mais la confusion qui s'installerait dans les systèmes informatiques et les composants électroniques limiterait les destructions.

Se libérer par les tas

Sacs de riz et de cacahuètes, monceaux de pommes et de laitues... Dans les points de vente des AMAP (association pour le maintien d'une agriculture paysanne) et en d'autres lieux, les produits en vrac se substituent aux emballages. Les cageots traditionnels des marchés en plein air deviennent de simples claies où s'édifient des monticules de fruits et de légumes régis par les seules lois de la pesanteur. Cette façon de disposer ne se présente pas comme une régression, mais comme un progrès qui nous affranchit du plastique et des intermédiaires de la distribution.

À la longue, notre façon de penser pourrait s'en trouver modifiée. *A priori*, la logique ensembliste-identitaire qui régit les emballages industriels ne devrait pas en souffrir, puisque, à l'œil nu, on constate qu'un tas de pommes ne contient que des pommes. Face à un tas sur claie cependant, on perçoit qu'aucune pomme n'est identique à une autre et cela mieux qu'avec une cagette de pommes calibrées sous plastique.

Non seulement le tas comporte une certaine disparité, mais il fait surgir des questions troublantes. Combien de grains de blé faut-il pour faire un tas ? demandait le Grec Eubulide au IVe siècle avant J.-C. Un grain ne fait pas un tas, trois grains non plus et pourtant les tas existent. Il en résulte que la notion de tas est indéfinissable. Hegel voyait dans ce paradoxe un exemple du passage de la quantité à la qualité.

Qu'est-ce qui constitue un tas ? Rien qui soit définissable en mathématiques. Les produits en vrac font donc surgir une réalité plus floue, moins arithmétique. Les mots sont régis par d'autres lois que les nombres, ce que Ludwig Wittgenstein avait saisi. Il appelait « maladie de l'exigence métaphysique » l'habitude de tout définir. Dans *Le Cahier bleu*, il écrit : « Nous sommes incapables de définir clairement les termes que nous utilisons, non parce que nous ne connaissons pas leur vraie définition, mais parce qu'ils n'ont pas de vraie définition [...] ; mais il ne s'agit pas d'un défaut : penser le contraire serait comme dire que la lumière de ma lampe n'a rien d'une véritable lumière parce qu'elle n'a pas de frontières nettes. »

Le tas fait partie de ce qui n'a pas de frontières nettes. Il annonce peut-être un monde aux arêtes moins tranchées, un monde où la pénombre reprendrait ses droits.

Seuls les humains et quelques animaux produisent des tas. Ceux qui s'enfouissent – lombrics, taupes, mineurs de charbon, coquillages couteaux – en laissent à la surface du sol. Ces tas-là sont rarement contemplés par ceux qui les produisent. D'autres se forment par accidents, glissements, éboulements. La planète ne semble pas spécialement encline à produire des tas. Elle tend plutôt à faire naître des pommiers et des montagnes, qui apparaissent d'emblée comme des versions plus cohérentes et structurées de la réalité.

Je m'arrête souvent devant les tas de gravats. Sur les chantiers, au pied des murs démolis, ils occupent un périmètre mouvant et irrégulier. Le sable est plus monotone. La poussière est trop fine. Le parpaing solitaire est une compagnie sévère. Les tas de gravats, eux, présentent une diversité inépuisable de matières, de formes et de volumes. Ils proposent une ville en miniature, mais une ville broyée, concassée. Le plâtre et la tuile, le ciment et la pierre y sont rendus au désordre originel. Dans ce pêle-mêle, les matériaux font plus intime connaissance.

Jusqu'où ira la révolution par les tas ? Notre façon de vivre sera-t-elle moins compartimentée dans le temps et dans l'espace ? L'avenir prendra peut-être la forme d'une vaste mêlée. Depuis les années 1960, la danse contemporaine en donne un avant-goût. Une passion du vrac plus ou moins rythmique s'est peu à peu emparée de la musique. N'y voyons pas une promesse politique. L'idéal d'une vie en vrac peut s'accommoder de frontières infranchissables et d'étroites cloisons sociales ou communautaires.

Il semble en tout cas que nous sortions peu à peu du monde des linéaires impeccables où rutilent le plastique et le papier pelliculé. Ces alignements de masse nous apparaîtront bientôt comme des manifestations mégalomanes, telles l'armée du IIIe Reich avec son océan de casques polis ou encore les parades chorégraphiques de la Chine maoïste. Peu à peu, les murailles des hypermarchés vont tomber. Elles déboucheront sur une infinité de tas. Cette levée d'écrou, pour employer le jargon pénitentiaire, sera progressive. La mise en liberté se fera par étapes. Il n'est pas certain en effet que la foule de consommateurs, habituée à tout trouver emballé et rangé, y prenne un plaisir immédiat.

Mouvement perpétuel

Dans la culture maya, le jeu de pelote était, dit-on, un rite religieux. Décrivant sa trajectoire, une balle en caoutchouc représentait la course du soleil. Les joueurs ne devaient pas la toucher avec les mains, mais seulement de la tête ou des hanches. En maintenant la balle dans les airs, ils étaient les garants de la perpétuelle circulation de l'astre du jour. Le jeu servait à maintenir le cosmos en place.

Sur le vaste terrain de jeu que constitue le marché des produits courants, les protagonistes font aussi en sorte de relancer le mouvement perpétuel. Rien ne doit rester à la même place, tout doit circuler le plus vite possible et les emballages eux-mêmes ne cessent de changer. Ce mouvement est-il censé imiter celui du cosmos ? Non, sans doute. Il s'agirait plutôt de la course erratique des particules. Tout se déroule dans un inframonde antérieur à la constitution des corps solides et de leur centre de gravité. Les joueurs ne portent plus le mouvement céleste sur leur tête et leurs hanches, ils se contentent de maintenir la vitesse du flux, ils défont et reconstituent sans cesse un ordre provisoire.

Hasard de l'aiguillage

L'effacement physique du commerçant voulu par la grande distribution a débouché sur une médiation beaucoup plus vaste qui joue sur le packaging, la disposition en linéaire, l'éclairage, l'ambiance, la présentation et la hiérarchisation des données sur nos écrans. Il n'y a rien dans notre vie sensorielle qui ne fasse désormais l'objet d'une médiation, d'un accompagnement, d'un aiguillage. Cette prise en charge globale évoque une maternité diffuse et tendancieuse. Elle aboutit à une école de soumission politique d'autant plus efficace qu'elle est inconsciente et surtout *accidentelle*, car elle ne correspond même pas à l'objectif visé par la grande distribution, qui n'est que l'écoulement le plus large possible de la marchandise.

Le style invisible

Certaines marques tentent de se faire discrètes. C'est la fin des graphismes lourds, des logos imprimés à chaque coin de l'objet. Abréger son nom, se laisser identifier par une simple initiale, amincir la graisse du lettrage : autant d'effacements qui montrent la puissance atteinte. Au-delà d'un certain seuil de notoriété, faire de la publicité serait obscène.

Se gommer soi-même est un privilège et un signe d'hégémonie.

L'effacement complet reste cependant inaccessible. Le mieux qu'on puisse atteindre est une trace infime, laissée à la sagacité du consommateur. Un sac de très grande marque fabriqué en série limitée ne laissera sans doute pas apparaître de logo, mais exhibera des coutures faites à la main à des endroits précis. Sur ce stigmate d'apparente imperfection, les connaisseurs se retrouveraient.

Plus les signes de la marque seront ténus, plus le croyant les cherchera et plus il entrera en dévotion. Un style invisible réunira quelques acheteurs avertis. C'est le *schibboleth* des marques rares, qui n'apparaît qu'aux initiés et se passe de la reconnaissance des autres.

Une clientèle trop restreinte finit cependant par sombrer dans son propre vide. Une élite ne peut se satisfaire éternellement de ses propres signes. Il n'y a pas de plaisir à montrer à ceux qui possèdent déjà. Le luxe ne s'adresse pas seulement à une poignée d'initiés. Il a besoin d'acheteurs non avertis et d'admirateurs passifs.

Tentatives d'annexion

La meilleure stratégie de marque consiste à s'approprier un objet élémentaire, facile à identifier. Une pomme, par exemple. Il devient alors superflu de clamer et d'imprimer son nom en toutes circonstances. Une fois associé à l'objet – dessiné et coloré d'une certaine façon –, l'objet-marque s'inscrit au cœur de la réalité même. Lier son nom à une chose est une stratégie immémoriale. On la trouve dans le totémisme des cultures anciennes. Au fil de quelques millénaires, le clan du lézard et le clan du cactus ont peu à peu cédé la place à l'héraldique du monde antique et médiéval.

Cependant, la démarche du *branding* contemporain est un peu différente. L'objet totémique n'occupe plus la même place. Au lieu d'être une présence naturelle pérenne qui sert d'ancrage symbolique à la vie d'un clan, il devient l'annexe de la marque elle-même, qui manifeste ainsi son pouvoir. Cette prise de possession s'accompagne souvent d'une pointe d'humour, qui est le prix que paie la toute-puissance pour jouir d'elle-même et se contempler.

Trois gisements fossiles

Gisement du langage

On dit parfois que l'économie marchande fait du langage un simple outil de communication. Or, le *branding*, qui consiste, entre autres choses, à forger des noms de marques et de produits, puise au contraire dans les richesses souterraines de la langue. Il ne réduit pas le langage à sa fonction de communication, mais s'empare du trésor enfoui dans la sonorité. Un nom de marque doit être suggestif, il s'associe de façon plus ou moins consciente à une mémoire qui dépasse le simple mot et qui porte en elle une certaine « fréquentation du monde ». Il ne frappe les esprits que s'il s'approche de la végétation obscure qui tapisse le fond de la langue. Comme les hydrocarbures provenant des forêts du jurassique, l'énergie fossile enfouie dans les mots jaillit à la surface sous forme de noms de marques. Créer une appellation commerciale, c'est forer dans les sous-sols et capter une ressource non renouvelable.

Gisement d'enfance

Dans *Paris, capitale du XIXe siècle,* Walter Benjamin évoque l'intérieur d'un bourgeois de l'époque Louis-Philippe. Ce « particulier », comme il le nomme, construit son espace domestique de telle sorte que la valeur marchande des objets y soit effacée. Il se repose de ses fatigues d'industriel et de commerçant en contemplant son cabinet de curiosités. La civilisation marchande du XIXe siècle s'adosse à cette illusion d'espace privé. À quoi bon acheter des objets si l'on n'a pas un « lieu à soi », à l'écart du circuit ?

Le « particulier » de l'époque de Louis-Philippe n'a pas disparu, mais il a fait peau neuve. Près de deux siècles plus tard, que lui est-il arrivé ? La grande trouvaille de la seconde moitié du XXe siècle fut de le replonger en enfance. Cette régression planifiée était sans doute la seule méthode possible pour *continuer l'aventure,* le seul carburant capable de la prolonger.

Un enfant demande à être étonné sans cesse. C'est le client idéal qui remet tout en mouvement. Son désir est illimité. Il faut lui remplir sa journée, trouver un rythme à son emploi du temps. C'est pour cet enfant hyperbolique que travaillent sans relâche les packageurs, les industriels et les logisticiens de l'emballage. Leur boussole n'est rien d'autre que le gisement d'enfance qui est en eux. C'est pour ce même enfant qu'on invente de nouveaux tubes de Ketchup, qu'on travaille le fuselage des carrosseries, qu'on perfectionne le démoulage du flan au caramel. C'est pour lui que l'on fore sous le schiste, que l'on pompe des ressources et que l'on brûle des forêts. C'est pour faciliter son existence, aller au-devant de son impatience, et aussi pour le distraire. L'enfance est un gisement d'énergie fossile. Comme le pétrole depuis plus d'un siècle, elle sert à faire tourner les moteurs. Elle garantit la circulation maximale. Elle justifie la mobilisation générale.

Gisement de normes

L'hyperconsommation nous apporte-t-elle de grandes satisfactions ? Rien n'est moins sûr. En revanche, elle nous apparaît, dans son accélération perpétuelle, comme un *processus ordinaire*. La communication marchande est parvenue à présenter comme normal un mode de vie des plus étranges. Ce fut l'une de ses grandes prouesses. Toute perspective de ralentissement devient inquiétante. Toute tentative pour pérenniser les objets ménagers, bricoler un réfrigérateur et même fabriquer des réfrigérateurs potentiellement bricolables, fait figure d'hérésie. Le sens de la norme est un gisement qui s'est constitué au fil du temps. Le contenu des normes évolue au fil des mœurs et des décennies, mais l'aptitude à s'y conformer, l'*habitude de suivre une norme* est plus stable. C'est une ressource d'assez longue durée. L'explosion industrielle et marchande a capté cette docilité pour la recycler dans des configurations sans cesse plus surprenantes. L'orbe terrestre encombré des centaines de milliers de débris spatiaux est, d'un certain point de vue et selon certains critères, *normal*. Si aigu soit-il, le sens de l'absurde se déploie rarement au même rythme qu'un tel sentiment de normalité.

Gratuité du concert

Pourquoi les oiseaux chantent-ils ? Pour marquer leur territoire, répondent les ornithologues, mais aussi pour donner l'alerte, se manifester auprès d'une femelle, imiter d'autres oiseaux... Longtemps, on a cru qu'ils chantaient pour saluer la lumière de l'aurore et clamer leur joie d'exister. Rien n'est à exclure cependant. Les ressorts du pépiement sont complexes. Nos explications concernant d'autres espèces que la nôtre comportent toujours une part de projection, y compris lorsque nous tentons d'effacer toute trace d'anthropomorphisme.

La même largesse d'esprit devrait s'appliquer aux marques. Elles pépient à leur façon. Elles clament leur propre nécessité. Elles cherchent à exister, susciter le désir du consommateur, intriguer, rassurer, dépayser, marquer un territoire, créer une croyance... Ce bruit de fond obéit, pense-t-on, à une logique purement marchande. Mais n'y a-t-il pas une part d'énigme derrière un tel déploiement ?

Les marques tapissent notre arrière-monde, elles émettent un bruit de fond continu. Nous ne percevons qu'une fraction infime de ce concert routinier. Nous n'en perçons pas entièrement le mystère. Peut-être verra-t-on un jour ce foisonnement bavard comme un simple désir de bruisser sous la voûte céleste, comparable au pépiement assourdissant des étourneaux ou au concert d'élytres des cigales.

Passez votre chemin

Les tombes antiques abritent des fragments de céramique, de tissu ou de verre. Ce sont les vestiges d'emballages funéraires. On en trouve depuis le néolithique jusqu'au début du Moyen Âge. Ce que contenaient ces emballages - fruits secs, graines, matières plus périssables - est tombé en poussière. Ce ravitaillement, pensait-on, était indispensable aux défunts, et les provisions des morts n'étaient pas protégées n'importe comment. Les emballages des tombes étaient disposés pour l'éternité. Nul ne pouvait deviner qu'ils survivraient dans les vitrines des musées.

Ces paquets funéraires n'étaient pas conçus à la façon du packaging contemporain, ou plutôt, leur packaging avait une fonction inverse de la nôtre. Si l'on peignait un œil sur un sachet de graines déposé près d'un sarcophage égyptien, c'était pour qu'il puisse passer dans l'au-delà et qu'aucune puissance surnaturelle ne lui fasse obstacle.

Cette pratique aurait pu s'installer dans les hypermarchés. L'histoire du packaging eût été bien différente. Tout aurait été conçu, non pas pour susciter un désir d'appropriation du consommateur, mais pour l'écarter. Peint sur l'emballage, un symbole discret – par exemple l'œil d'Horus, dieu-faucon de l'Égypte ancienne – aurait envoyé aux consommateurs ce message : passez votre chemin, laissez-nous là où nous sommes, ne touchez ni à cette lessive ni à ces corn-flakes, ce sont des provisions pour l'au-delà.

Quelques sources

Jean-Christophe Bailly, *Le Propre du langage. Voyage au pays des noms communs*, Seuil, 1997.

Roland Barthes, *L'Empire des signes*, Seuil, 1970.

Walter Benjamin, *Edward Fuchs, collectionneur et historien*, Paris, Gallimard, 2000.

Cornelius Castoriadis, *L'Institution imaginaire de la société*, Seuil, 1975.

Marie Douglas, *De la Souillure*, La Découverte, 2001.

Benoît Heilbrunn et Bertrand Barré, *Le Packaging*, PUF, 2012.

Jean-Noël Kapferer, *Ré-inventer les marques*, Eyrolles, 2013.

Déborah Laks, *Des déchets pour mémoire*, Les presses du réel, 2015.

Baptiste Monsaingeon, *Homo Detritus*, Seuil, 2017.

Timothy Norton, *La Pensée écologique*, Zulma, 2019.

Gilbert Simondon, Du mode d'existence des objets techniques, Aubier, 2012.

Ludwig Wittgenstein, *Le Cahier bleu et le Cahier brun*, Gallimard, 1996.

Denis Woronoff, *Histoire de l'emballage en France*, Presses universitaires de Valenciennes, 2015.

Premier Parallèle

Faïza Zerouala, *Des voix derrière le voile.*

Götz Hamann, Khuê Pham, Heinrich Wefing, *The United States of Google.*

Camille Polloni, *La Lente Évasion. Alain, de la prison à la liberté* (en coédition avec Rue89). Sophie Bouillon, *Elles. Les prostituées et nous.*

Troels Donnerborg et Jesper Gaarskjær, *L'homme qui se souvient de tout. Un voyage dans les coulisses de la mémoire.*

Gérard Haddad, *Dans la main droite de Dieu. Psychanalyse du fanatisme.*

Cristina Nehring, *L'Amour à l'américaine. Une nouvelle police des sentiments.*

Bénédicte Manier, *Made in India. Le laboratoire écologique de la planète.*

Galia Ackerman, *Traverser Tchernobyl.*

Collectif, *En compagnie des robots.*

Jérôme Blanchart, *Crimes du futur.*

Sébastien Martinez, *Une mémoire infaillible. Briller en société sans sortir son smartphone.*

Jan-Werner Müller, *Qu'est-ce que le populisme ? Définir enfin la menace.*

Gérard Haddad, *Le complexe de Caïn. Terrorisme, haine de l'autre et rivalité fraternelle.*

Mathilde Ramadier, *Bienvenue dans le nouveau monde. Comment j'ai survécu à la coolitude des startups.*

Collectif, *L'Âge de la régression. Pourquoi nous vivons un moment historique.*

Olivier Haralambon, *Le Coureur et son ombre.*

Lise Barnéoud, *Immunisés ? Un nouveau regard sur les vaccins.*

Ivan Krastev, *Le Destin de l'Europe. Une sensation de déjà vu.*

Cristina Nehring, *23 et demi. Les aventures d'une mère, de sa fille et d'un chromosome surnuméraire.*

David Wahl, *Le Sale Discours. Ou géographie des déchets pour distinguer au mieux ce qui est sale de ce qui ne l'est pas.*

David Rieff, *Éloge de l'oubli. La mémoire collective et ses pièges.*

Laureen Ortiz, *Porn Valley. Une saison dans l'industrie la plus décriée de Californie.*

Sébastien Martinez, *La mémoire est un jeu.*

Eva Illouz et Edgar Cabanas, *Happycratie. Comment l'industrie du bonheur a pris le contrôle de nos vies.*

Mathieu Burniat et Sébastien Martinez, *Une mémoire de roi.*

Gérard Haddad, *Ismaël et Isaac.*

Eva Illouz (sous la direction), *Les Marchandises émotionnelles. L'authenticité au temps du capitalisme.*

Perrine Hanrot, *Crier, parler, chanter. Mystères et pouvoirs de la voix.*

Zygmunt Bauman, *Retrotopia.*

Olivier Haralambon, *Mes coureurs imaginaires.*

Galia Ackerman, *Le Régiment Immortel. La guerre sacrée de Poutine.*

Joëlle Zask, *Quand la forêt brûle. Penser la nouvelle catastrophe écologique.*

Frédéric Joly, *La Langue confisquée. Lire Victor Klemperer aujourd'hui.*

Michael Walzer, *Manuel d'action politique.*

Samuel Challéat, *Sauver la nuit. Comment l'obscurité disparaît, ce que sa disparition fait au vivant, et comment la reconquérir.*

Olivier Tesquet, *À la trace. Enquête sur les nouveaux territoires de la surveillance.*

Correction : Marie-Édith Bernard
Composition : Nord Compo à Villeneuve-d'Ascq

Dépôt légal : juillet 2020
IMPRIMÉ EN FRANCE

Achevé d'imprimer le 30 juin 2020
sur les presses de l'imprimerie *La Source d'Or*
63200 RIOM
Imprimeur n° 21866

Dans le cadre de sa politique de développement durable,
La Source d'Or a été référencée IMPRIM'VERT®
par son organisme consulaire de tutelle.
Cet ouvrage est imprimé - pour l'intérieur -
sur papier bouffant Munken Print White 80 g, main de 1.8
provenant de la gestion durable des forêts.